essentials

Heiko Herwald

# Wie Wissenschaft Länder, Gesellschaften, Religionen vereint

## Ein Überblick für Wissenschaftler und Politiker

 Springer

Heiko Herwald
Division of Infection Medicine
Lund University
Lund, Schweden

ISSN 2197-6708     ISSN 2197-6716   (electronic)
essentials
ISBN 978-3-658-28839-6     ISBN 978-3-658-28840-2   (eBook)
https://doi.org/10.1007/978-3-658-28840-2

Die Deutsche Nationalbibliothek verzeichnet diese Publikation in der Deutschen Nationalbiblio-
grafie; detaillierte bibliografische Daten sind im Internet über http://dnb.d-nb.de abrufbar.



Springer ist ein Imprint der eingetragenen Gesellschaft Springer Fachmedien Wiesbaden GmbH
und ist ein Teil von Springer Nature.
Die Anschrift der Gesellschaft ist: Abraham-Lincoln-Str. 46, 65189 Wiesbaden, Germany

# Was Sie in diesem *essential* finden können

- Informationen über die Aktualität von Platons Höhlengleichnis
- Wieso das Kuhnsche Paradigmenmodel sich eignet, um politische Veränderungen zu bewirken
- Die Bedeutung der Agenda 2030

# Vorwort

„Das Menschenauge kann von der Wirklichkeit nur erfassen, was seiner Aufnahmefähigkeit entspricht." Michel de Montaigne (1533–1592)

Auch heute hat dieses Zitat nichts an Aktualität verloren, denn mehr als 400 Jahre später ist die Wirklichkeit nicht nur noch komplexer geworden, sondern sie stellt uns auch vor neue große Herausforderungen. Einige, wie der Klimawandel, können zu lebensbedrohlichen Risiken werden. Andere, wie die klaffende Kluft zwischen arm und reich, können massive gesellschaftliche und politische Probleme auslösen. Aber auch Zukunftsthemen, wie Digitalisierung, maschinelles Lernen (machine learning) und künstliche Intelligenz, werden dazu führen, dass Menschen die neuen Wirklichkeiten in ihre Ganzheit nicht mehr erfassen können. All dies birgt Gefahren in sich, deren Folgen noch nicht abzusehen sind und für die es globale Lösungen geben muss. Ziel dieses *essentials* ist es, die Bedeutung der Wissenschaften bei der Lösung dieser Probleme zu beschreiben und Möglichkeiten vorzuschlagen, mit denen die Aufnahmefähigkeit der Menschen verbessert werden kann.

# Danksagung

Ich möchte mich ganz herzlich bei Hildegard Herwald bedanken, da dieses *essential* ohne ihre kritischen Rückmeldungen und Ratschläge nicht zustande gekommen wäre.

# Inhaltsverzeichnis

# Das Höhlengleichnis und die Vergänglichkeit der Sonne

1

## 1.1 Werfen große Ereignisse ihre Schatten voraus?

Was ist Wahrheit und entspricht die Wahrnehmung von Wahrheiten der Wahrheit? Diese Fragen haben sich viele bedeutende Philosophen gestellt. So auch Platon, dessen Höhlengleichnis eines der beeindruckendsten Werke der griechischen Antike ist (Platon 1985). In dieser Metapher geht es um ein Gedankenspiel, bei dem Gefangene, eine Höhle und Schatten sowie die Wahrnehmung von Scheinwelten eine wichtige Rolle spielen. Es sei das Schicksal einiger Häftlinge, so das Gleichnis, dass sie seit ihrer Kindheit, an Beinen und Hals gefesselt, ihr Dasein in einer Höhle fristen müssen. Aufgrund ihrer beschränkten Bewegungsfreiheit können sie dabei nur auf Schatten blicken, die auf eine Höhlenwand projiziert werden. Dass es sich dabei um Vorgänge handelt, die sich eigentlich hinter dem Rücken der Gefesselten abspielen, ist jedoch keinem der Gefangenen bewusst. Der Realitätswahrnehmung beraubt vermeinen sie daher, dass es sich bei den Schattenspielen um die wirkliche Welt handelt. Alle Erkenntnisse, die den Gefangenen zur Verfügung stehen, werden daher aus der Wahrnehmung von Illusionen gewonnen. Das Gleichnis wäre aber nicht in die Geschichte eingegangen, wenn es nicht einem der Gefangenen gelungen wäre, sich seiner Fesseln zu entledigen, um nach seiner Befreiung eine für ihn neue Welt entdecken zu können.

Um den weiteren Verlauf der Metapher zu verstehen, bedarf es eines kleinen Exkurses. Wie auch viele andere Werke von Platon ist das Höhlengleichnis in Dialogform verfasst. Platon wählte bewusst die Dialektik als literarisches Stilmittel, um mittels Rede und Gegenrede dem Leser an der Entstehung einer Argumentationskette teilnehmen zu lassen. Dies sollte dann zur Lösung eines Problems und damit zu einem neuen Erkenntnisgewinn führen. In dem Höhlengleichnis berichtet Platon von einem Gespräch, das Sokrates mit Glaukon, einem

© Springer Fachmedien Wiesbaden GmbH, ein Teil von Springer Nature 2020
H. Herwald, *Wie Wissenschaft Länder, Gesellschaften, Religionen vereint*,
essentials, https://doi.org/10.1007/978-3-658-28840-2_1

älteren Bruder Platons, führte. Ob dieses Gespräch wirklich stattfand oder es von Platon erfunden wurde, lässt sich heute nicht mehr nachprüfen, jedoch spiegelt es die wichtigsten Aspekte der platonischen Ideenlehre wider. Letztere ist eine philosophische Auseinandersetzung von Vergänglichkeit und Unsterblichkeit. Platon geht davon aus, dass sich in jedem sterblichen Körper eines Menschen eine unsterbliche Seele befindet. Der Körper kann mit seinen Sinnen vergängliche Gegenstände aus seiner Umwelt wahrnehmen, wie z. B. das Rad eines Wagens. Die Form des Rades, also ein Kreis, ist in seiner Vollkommenheit jedoch nur theoretisch denkbar. So ist es beispielsweise nicht möglich, Räder herzustellen, die eine 100 % exakte runde Form haben. Im Gegensatz zur realen Welt kann man sich in seinen Gedanken jedoch sehr wohl ein perfektes Rad vorstellen. Es ist sogar möglich, sich ein imaginäres Bild von zwei vollkommenen identischen Rädern zu machen, die sich weder in ihrer Form noch Farbe oder Größe unterscheiden. Auch dies ist in der Praxis nicht umsetzbar. Für Platon sind deshalb die Gegenstände der Sinneswelt nur unvollkommene Abbildungen der Ideenwelt. Hinzu kommt, dass sie vergänglich sind und sie sich, wie Platon es nennt, im Fluss befinden. Ein Rad kann sich z. B. abnutzen und muss ersetzt werden. Die entsprechenden Ursprungsformen in der Ideenwelt sind jedoch von ewigem Bestand. Wissen entsteht dann, wenn es gelingt die unvollkommenen Abbildungen der Sinneswelt mit den vollkommenen Bildern der Ideenwelt in Verbindung zu bringen. Dazu muss jeder Mensch die Dinge, die er mit seinen sterblichen Sinnen wahrnimmt, an seine Seele weiterleiten, da nur diese Zugang zur Ideenwelt hat. Laut Platon ist die Seele ein Teil der Ideenwelt, die allerdings nach ihrem Eintritt in einen Körper ihr Wissen vergessen hat. In diesem Zustand der Unkenntnis ist Wissen für Platon gleichbedeutend mit dem Wiedererkennen von Dingen aus der Ideenwelt. Aus diesem Grund war er der Überzeugung, dass es allein durch geschicktes Fragen möglich sei, den Erkenntnisstand eines Menschen zu erweitern. Für Platon ist Dialektik daher nicht nur ein rhetorisches Werkzeug, sondern auch ein wichtiges pädagogisches Hilfsmittel, welches er gerne einsetzte. Das Wiedererkennen von Gegenständen aus der Ideenwelt und das Wissen um ihre wirkliche Bedeutung sei, so Platon, jedoch nicht einfach zu erlernen und so würden es viele Menschen vorziehen, ihr Leben in der Sinneswelt zu verharren, um so ein quasi Schattendasein führen zu können.

Zurück zu dem Gleichnis. Was also geschah, nachdem der Häftling sich von seinen Fesseln befreit hatte und er sich in die Richtung des Lichts bewegte? Als erstes, so die Vermutung von Sokrates, würde er vom Licht des Feuers geblendet und wäre nicht fähig, die eigentlichen Auslöser der Schatten zu erkennen. Wenn ihm nun jemand erklären würde, um was es sich wirklich handelt, führt Sokrates weiter in seiner Argumentation fort, wäre der Gefangene sehr wahrscheinlich verwirrt und würde vermutlich weiterhin an seine Schattenbilder glauben. Auch hier stimmt ihm Glaukon zu. Würde man einen Schritt weitergehen und den Gefangenen zwingen, aus der Höhle in das Sonnenlicht zu treten, so spekuliert Sokrates, wäre er möglicherweise vollends geblendet und würde gar nichts mehr sehen können. Das sei richtig, bemerkt Glaukon, aber dies wäre nur temporär. Ja, stimmt ihm Sokrates zu, der Gefangene würde sich allmählich an die neuen Lichtverhältnisse gewöhnen. Zuerst könne er nur die Schatten erkennen, dann die Spiegelbilder im Wasser und schließlich wäre er sogar in der Lage, Mond- und Sternenlicht bei Nacht zu betrachten. Erst danach würde er die Bedeutung der Sonne verstehen und er könne es wagen, einen Blick auf sie zu werfen, ohne sich dabei von deren Schatten oder Spiegelbildern im Wasser ablenken zu lassen.

An dieser Stelle lohnt es sich noch einmal zu verweilen, da es hier deutlich wird, wieso es sich bei dem Höhlengleichnis um eine Metapher handelt. Licht hat für Platon eine besondere Bedeutung. Es symbolisiert den Weg zur absoluten Erkenntnis. So stellt beispielsweise der entflohene Gefangene sein Weltbild infrage, nachdem er in der Höhle das Licht des Feuers erblickt hatte. Eine noch größere Bedeutung besitzt das Sonnenlicht. Für Platon verkörpert die Sonne die uneingeschränkte Wahrheit, denn nur aufgrund ihrer Existenz können Urbilder erkannt werden. Sie repräsentiert infolgedessen das Übergeordnete und kann mit der Ideenlehre gleichgestellt werden. Dem gegenüber stehen die Schatten. Für Platon symbolisieren sie die Sinneswelt. Schatten sind unvollkommene Abbilder und daher ist es nicht möglich, aus ihrem Studium die tatsächliche Bedeutung des Gesehenen zu erkennen. Die Sinneswelt kann deshalb nicht dazu beitragen, die eigentlichen Werte von Geschehnissen zu begreifen. Folglich ist für Platon die Sonne mit den Ideen des Guten gleichbedeutend und er ist daher davon überzeugt, dass nur ihr Studium zur absoluten Erkenntnis und zu einer besseren Lebensweise führen kann.

Wieder zurück zu dem Gleichnis. Nachdem der Entflohene die Bedeutung der Sonne begriffen hätte, so Sokrates, wäre er jetzt in der Lage, Geschehnisse und Zusammenhänge in einem übergeordneten Kontext einzuordnen. Rückblickend auf die Zeit als unwissender Gefangener würde ihn diese Erkenntnis glücklich machen. Was wäre nun, fragt Sokrates Glaukon, wenn der Entflohene mit diesem Wissen wieder zu den anderen Gefangenen zurückkehre, um ihnen von seiner Erleuchtung zu berichten. Anstatt Glaukon die Möglichkeit zu geben, sich hierzu zu äußern, liefert Sokrates die Antwort selbst. Die verbliebenen Gefangenen würden sehr wahrscheinlich seinen Ausführungen nicht glauben und zu dem Schluss kommen, dass ihn das Licht verwirrt hätte. Sie würden daher an ihren verzerrten Weltbildern verhaftet bleiben. Es könnte sogar sein, dass der Zurückgekehrte um sein Leben fürchten müsse, so die ernüchternde Vermutung von Sokrates, der Glaukon nur beistimmen kann.

Gerade in unserer Zeit des Informationsüberflusses findet das Höhlengleichnis immer mehr an Aktualität. Denn sowohl die mediale als auch die digitale Reizüberflutung führen dazu, dass Menschen ihr Leben immer mehr auf die Sinneswelt ausrichten und sie sich kaum noch für die wirklichen Werte ihres Daseins interessieren. Insbesondere ist es den sozialen Netzwerken gelungen, Scheinwelten so geschickt aufzubauen, dass es den jeweiligen Zielgruppen nicht bewusst wird, wie sehr sie in diesem Medium gefangen sind. Mit Erschrecken ist festzustellen, dass dieser Trend nicht nur in privaten, sondern auch in beruflichen Umfeldern Einzug gehalten hat und selbst vor Religion, Politik und auch in der Wissenschaft keinen Halt macht. Die Folgen sind fatal, da auch hier mit der zunehmenden Fokussierung auf die Sinneswelt ein Wegfall der Ideenwelt einhergeht und ein Werteverfall festzustellen ist. Nicht ohne Grund haben Wörter wie *„fake news"* und *„alternative facts"* Einzug in unseren Sprachgebrauch genommen. Beide Begriffe sind jedoch ein trauriges Beispiel dafür, wie sehr die Politik sich von den Werten der Ideenlehre entfernt hat.

## 1.2    Was wäre wenn: die Rolle der Widerrede im Höhlengleichnis

Es gibt aber auch noch einen weiteren wichtigen Aspekt im Höhlengleichnis, der beim Leser zwar kaum Beachtung findet, aber den Verlauf des Gleichnisses entscheidend prägt. Er betrifft die Rolle von Glaukon. Denn es sind die Antworten von Glaukon, die Sokrates letztendlich zu seinen Schlussfolgerungen leiten. Interessant dabei ist, dass Glaukon sich nicht im Sinne der Dialektik einer Gegenrede bemüht, sondern Sokrates in seiner Argumentationsweise unterstützt. Wären die Antworten von Glaukon auf die rhetorischen Fragen seines Gesprächspartners anders ausgefallen, hätte das Gleichnis eine andere Wendung genommen. Dabei gibt es offensichtliche Dissensen, die sich für ein Zwiegespräch geeignet hätten. Beispielsweise könnte Glaukon anführen, sei die Sonne, wie auch das Feuer in der Höhle, vergänglich. Dies würde bedeuten, dass die Sonne nur ein Abbild einer Idee sei und sie folglich unvollkommen wäre. Aber was würde dann ihr Studium bezwecken, könnte Sokrates fragen. Die Antwort läge auf der Hand, wäre eine mögliche Antwort Glaukons. Denn nur das Wissen über den Ursprung ihrer Vergänglichkeit könnte dazu verhelfen, sich der Ideenwelt weiter zu nähern. Aber wenn der Entflohene auf eine weitere Ebene gestiegen wäre, bestünde dann nicht die Möglichkeit, dass er wieder auf eine neue Sinneswelt träfe, könnte Sokrates dann einwenden. Wie könnte er sich sicher sein, dass das Ziel erreicht wäre und das Gesehene kein unvollkommenes Abbild mehr sei? Hier würde Glaukon sich sehr wahrscheinlich eines Zitats von Sokrates bedienen und antworten, er wüsste, dass er dies nicht wisse. Könnte es denn sein, dass mit jeder neuen Sinnesebene eine weitere folge und wenn dies so wäre, was würde das für den Entflohenen bedeuten, würde Sokrates nun wahrscheinlich nachhaken. Dann, so Glaukons mögliche Antwort, würde der Suchende danach streben, eine Ebene nach der anderen zu erklimmen, denn er hätte verstanden, dass er dem Glück mit jeder weiteren Stufe ein Stück näher käme und er erst mit seinem Tod eins mit der Ideenwelt werden könne. Nur derjenige, der fälschlicherweise meine, die Ideenwelt erreicht zu haben, würde wieder in die Höhle zurückkehren. Dort würde er dann versuchen, seine ehemaligen Mitgefangenen davon zu überzeugen, dass er sie aus der Unkenntnis führen könnte. Meinst du denn, dass ihm dies gelingen würde? Wäre es nicht wahrscheinlicher, dass seine früheren Mitgefangenen ihn für verwirrt halten, ihn verstoßen oder gar töten, könnte jetzt Sokrates fragen. Ja sicherlich, wäre die Antwort von Glaukon, aber derjenige unter den Rückkehrenden, der besonders große Überzeugungskraft besitzt und fest an das glaubt, was er gesehen und erlebt hat, könnte die Gabe haben, unter den Gefangenen einige oder sogar alle davon zu überzeugen, dass er ein weiser Mensch sei. Vielleicht würde es ihm sogar gelingen, dass manche ihm folgen und sich seiner scheinbaren Ideenwelt anschließen. Dass sie sich dabei von einer Schattenwelt in die nächste begeben würden, wäre ihnen nicht bewusst. Wenn dies wirklich so zutreffen würde, so die abschließenden Fragen von Sokrates, würden die Anhänger nicht der Wahrheit, sondern nur einer Illusion hinterhereilen? Wie aber könnten sie sich sicher sein, dass sie einem Führer vertrauen, der ihnen die richtigen Werte vermittelt und sie nicht ins Unheil stürze? Diese Frage sei irrelevant, würde Glaukon jetzt erwidern, das Verfolgen einer Illusion, sei sie richtig oder falsch, hätte keine Bedeutung bei der absoluten Wertfindung. In beiden Fällen könnten die Menschen der wahren Erkenntnis näherkommen oder fehlgeleitet werden.

## 1.3    Platons *Politeia*

Das Höhlengleichnis stammt aus der „*Politeia*" (Platon 1985), die zu Platons Hauptwerk gezählt wird. In dem aus 10 Bänden bestehendem Buch beschrieb Platon vor ca. 2400 Jahren seine Vorstellungen über die Werte des Menschseins und den Aufbau von Stadtstaaten. Um seine Ausführungen zu diesen Themen zu verstehen, muss man sich zunächst die Herkunft von Platon vor Augen führen und einen Blick auf die damalige politische Situation werfen. Platon wurde 428 oder 427 v. Chr., also zu Beginn der peloponnesischen Kriege (431–404 v. Chr.), als Sohn einer sehr wohlhabenden und einflussreichen in Athen ansässigen Familie geboren (Ries 2005). Sein früh verstorbener Vater Ariston soll ein Nachfahre von Kodros, dem letzten mythischen König von Attika, gewesen sein und auch seine Mutter Periktione kam aus sehr begüterten Verhältnissen (Froes 2018). Nach dem Tode von Ariston heiratete Platons Mutter Pyrilampes, der ebenfalls ein angesehener Athener war. In Kontakt mit Sokrates kam Platon als er ca. 20 Jahre alt war. Er sollte sein Schüler bis zum Tode von Sokrates im Jahre 399 v. Chr. bleiben. Sokrates, Sohn eines Steinmetzes und einer Hebamme, war im Unterschied zu Platon nicht begütert. Wie sein Vater wurde Sokrates Steinmetz (Malitz 1995), wandte sich aber im Laufe der Zeit immer mehr der Philosophie zu. Da er von seinen Schülern kein Geld annahm, lebte er recht bescheiden. Sokrates wählte bewusst diesen Lebensstil, weil er der Ansicht war, dass ein Freund der Weisheit keine Bezahlung für seine philosophischen Gespräche annehmen dürfe, wie es z. B. die Sophisten praktizierten. Diese Auffassung teilte er auch mit Platon, der ebenfalls der Ansicht war, dass Philosophen unentgeltlich arbeiten sollten. Im Gegensatz zu Platon diente Sokrates in allen drei peloponnesischen Kriegen als Hoplit (ein schwerbewaffneter Fußsoldat) (Ebd.). Die peloponnesischen Kriege wurden 404 v. Chr. mit einem Sieg von Sparta über Athen beendet. Athen verlor dadurch nicht nur seine Vormachtstellung, es verfiel auch in ein politisches Chaos. Die Demokratie wurde kurzfristig durch ein von Sparta einberufenes totalitäres System ersetzt, das mit brutalen Methoden die Stadt tyrannisierte. Nachdem die Demokratie wieder in Athen eingeführt worden war, wurde Sokrates von dem Politiker Anytos, dem Dichter Meletos und Lykon, einem unbekannten Redner, angeklagt. Ihm wurde vorgeworfen, dass er die Jugend verführt habe und Gotteslästerung betreibe. Es kam zu einem Prozess vor einem Geschworenengericht, bei dem 281 der 501 Laienrichter Sokrates für schuldig hielten. In einem weiteren Prozess wurde Sokrates von dem Gericht zum Tode verurteilt. Das Ende ist bekannt: Sokrates, der die Art der Hinrichtung selber bestimmen konnte, wählte den Tod durch den Schierlingsbecher, den er 399 v. Chr. in Kreise seiner Familie und einigen seiner besten Freunde leerte. Für Platon, der nicht unter den Anwesenden war, bedeutete der Tod von Sokrates einen Wendepunkt in seinem Leben. Für ihn brach ein Weltbild zusammen und seine ohnehin negative Einstellung über eine demokratische Staatsform, die von inkompetenten Bürgern regiert wird, fand zusätzlichen Nährboden. Da er in dem Todesurteil ein Versagen des Stadtstaates Athen und ein Verkommen der Moral sah, beschloss er der Stadt den Rücken zu kehren und trat eine längere Bildungsreise an. Nach seiner Rückkehr erwarb er 387 v. Chr. in Akademos einen heiligen

Hain vor den Toren Athens und gründete die erste Athener Philosophenschule. An dieser sollte er bis zu seinem Tode 327 v. Chr. unterrichten und forschen. Unter anderem entstand zu dieser Zeit die *Politeia,* die der mittleren Schaffensperiode Platons zugeordnet wird.

In der *Politeia* beschreibt Platon fünf verschiedene Staatsformen. Dabei betrachtet er eine von Philosophen geführte Aristokratie als das beste Regierungssystem. Diese würde, so Platon, aber nur unter der Voraussetzung funktionieren, wenn es den Regierenden, also den Philosophen, verboten wäre, Privateigentum zu besitzen. Denn nur dies würde gewährleisten, dass sämtliche Entscheidungen aus Vernunft getroffen würden und dem Wohl des Volkes dienten. Geschützt würde eine Regierung von Wächtern. Auch ihnen sei es, ähnlich den Philosophen, verboten, Eigentum zu besitzen. Die dritte Bevölkerungsklasse besteht aus den Erwerbstätigen, zu denen Platon z. B. Bauern und Handwerker zählte. Nur die Kombination dieser drei Stände könne einen gerechten Staat gewährleisten, der auf den Tugenden: Weisheit, Tapferkeit und Besonnenheit aufgebaut sei. Wenn diese Tugenden nicht mehr bestünden, könne sich die Aristokratie in eine Timokratie oder sogar eine Oligarchie umwandeln. In diesen Regierungsformen würde der Staat entweder nicht mehr von qualifizierten Führungspersonen geführt (Timokratie) oder Entscheidungen würden aufgrund von materiellen Interessen getroffen (Oligarchie). Eine demokratisch geführte Regierung hält Platon für die zweitschlechteste Staatsform, da sie zu einem Verfall der Sitten führe und den Weg zur Anarchie vorbereite. Nur die Tyrannei ist für Platon noch weniger erstrebenswert.

## 1.4  Sinnes- und Ideenwelten in der Gegenwart

Die letzten 2400 Jahre zeigen deutlich, wie sehr sich die Welt im Fluss befindet. Auf die Antike folgten das Mittelalter und die Neuzeit. Jede dieser Epochen hat ihre Spuren hinterlassen. War das Mittelalter geprägt von Konflikten zwischen weltlichen und geistlichen Rechtsordnungen und Machtkämpfen, wird die Neuzeit häufig als eine Zeit des sozialen und politischen Umbruchs betrachtet (s. Abb. 1.1).

So haben beispielsweise die Reformation und die Aufklärung sowie die Industrialisierung erheblich zur Entwicklung neuer Gesellschaftsstrukturen beigetragen. All dies hat dazu geführt, dass unser heutiges Verständnis von Religion, Politik und Wissenschaft kaum noch mit den Ideen von Platon übereinstimmt. Auch unser Wissen befindet sich im Fluss. Neuere Studien zeigen, dass unser Wissensstand zurzeit exponentiell wächst. Einige Berechnungen gehen

**Abb. 1.1** Flammarions Holzstich (Quelle: https://de.wikipedia.org/wiki/Flammarions_ Holzstich)

mittlerweile davon aus, dass sich in der heutigen Zeit das Weltwissen innerhalb von nur zwei Jahren verdoppeln kann. Dies hat dramatische Folgen für unsere Sinneswelt, da wir nicht nur ständig neuen Reizen ausgesetzt sind, sondern es auch immer schwieriger wird, sie in ihrer Komplexität zu begreifen oder ihre Anwendbarkeit sinnvoll in die Praxis umzusetzen. Oftmals ist es heute wegen der enormen Mengen von Informationen nicht mehr möglich, Wichtiges von Bedeutungslosen zu unterscheiden. Moderne digitale Technologien unterstützen die Informationssammelleidenschaft der Menschen. So werden heute gigantische Datenmengen gespeichert. Da der menschliche Verstand nicht mehr selbst dieses Datenmaterial hantieren kann, wird die Auswertung elektronischen Algorithmen überlassen. Diese Hilfsmittel nehmen somit den Menschen wichtige Entscheidungen ab und sorgen dafür, dass er sich allmählich von einem *Homo sapiens* zu einem *Homo accumulans* (speichernder Mensch) entwickelt. Aus der Sicht des Höhlengleichnisses erscheint es daher nicht so, dass die Menschen die letzten 2400 Jahre genutzt haben, um sich ihrer Fesseln zu entledigen. Vielmehr entsteht der Eindruck, dass es der Sinneswelt gelungen ist, die Menschen noch enger an sich zu binden. Bedeutet dies, dass wir uns nicht weiter der Ideenwelt genähert haben? Um diese Frage zu beantworten, muss man sich vor Augen führen, dass es sowohl in der Religion als auch in der Politik und der Wissenschaft Menschen, Ereignisse, Entdeckungen und Erfindungen gegeben hat, die in ihrer Einzigartigkeit die Welt nachhaltig verändert haben. In unserer Vergangenheit gibt es viele Exempel, wie z. B. die Evolutionstheorie, der Marxismus sowie die allgemeine Relativitätstheorie, um für jeweils eines der oben genannten Bereiche ein Beispiel zu nennen. Bei diesen und anderen Meilensteinen in der Geschichte der Menschheit gelang es oft besonders außergewöhnlichen oder hochbegabten Menschen, auf eine höhere Ebene in der Sinneswelt zu steigen und so der Ideenwelt ein Stück näher zu kommen. Da aber nach jeder erklommenen Ebene eine neue folgt, ist auch für sie das Endziel weiterhin unerreichbar. Ob sich die entsprechenden Personen hierüber in Klaren sind, hängt von ihrem Bewusstseinshorizont ab und ist für andere nur schwer einzuschätzen. Jedoch ist ihnen gemeinsam, dass sie mit ihren weiterentwickelten Vorstellungen anderen überlegen sind. Dies lässt sich insbesondere am Beispiel der Stringtheorie erklären. Die Stringtheorie ist ein rein theoretisches Model, mit dem sich eines der größten Probleme der Physik erklären lässt, nämlich wie die Quantentheorie mit der Relativitätstheorie verknüpft werden kann. Beschäftigt sich die Quantentheorie mit der Frage nach dem Ursprung und dem Aufbau von Materie, so befasst sich die Relativitätstheorie mit der Bedeutung von Raum und Zeit. Mikrokosmos trifft also auf Makrokosmos. Beide Theorien stellen heute die Eckpfeiler der modernen Physik dar. Dennoch ist es trotz intensiver Bemühungen bislang nicht gelungen, ein wissenschaftlich abgesichertes Model zu entwickeln, das beide Theorien vereint. Ein Teil des Problems liegt dabei auch darin begründet, dass unsere technisch verfügbaren Messmethoden nicht mehr ausreichen, um diese Fragestellungen mit experimentellen Versuchen zu beantworten. Ob man die Stringtheorie daher jemals beweisen kann, ist aus heutiger Sicht nicht vorhersehbar. Wegen des Mangels an experimentellen Daten ist sie deshalb in wissenschaftlichen Kreisen auch nicht unumstritten. Im Jahre 2018 hat sie aber große Aufmerksamkeit erfahren, weil die Stringtheorie in Stephen Hawkings letztem Artikel vor seinem Tode verwendet wurde, um die Existenz von Parallelwelten, auch als Multiversen bezeichnet, zu beweisen (Hawking und Hertog 2018). In der Stringtheorie wird ein Universum postuliert, in dem zehn Dimensionen vorkommen. Diese bestehen aus den uns bekannten drei Raumdimensionen sowie einer Zeitdimension. Die verbleibenden sechs vorhergesagten Dimensionen nehmen allerdings so wenig Platz ein, dass sie bislang noch nicht nachgewiesen werden konnten. Ihre geringen Größen können sie nur deshalb erreichen, da sie in einem zusammengerollten oder fachsprachlich kompaktifizierten Zustand vorlägen und so auf sogenannten winzigen Raumskalen Platz fänden, wo sie sich unserer Wahrnehmung entziehen. Auch wenn sich das Höhlengleichnis nur mit den drei Raumdimensionen und nicht mit einem zehndimensionalen Weltraum beschäftigt, drängt sich ein Vergleich auf. Wie bereits beschrieben bezogen die Gefangenen in der Höhle ihre Informationen von Schatten, die an eine Wand projiziert wurden. Dem Wegfall der dritten Raumdimension nicht bewusst reichten diese Informationen aus, um ein schlüssiges und in sich logisches Weltbild aufzubauen. Die Nachricht über eine dritte Raumdimension, in der es vielleicht auch ganz andere Naturgesetze geben könnte, würde daher enorm an dem Weltbild der Gefangenen rütteln. Das Gleichnis geht davon aus, dass die neuen Informationen mit Skepsis aufgenommen würden oder als für falsch abgetan werden könnten. Es gibt aber auch noch eine andere Möglichkeit, wie in dem hypothetischen Disput zwischen Sokrates und Glaukon beschrieben. So könnte es einem Rückkehrer in einigen Fällen gelingen, einen Teil der Gefangenen von seinen Erkenntnissen zu überzeugen. Dabei können zwei unterschiedliche Lager entstehen. Die erste kleinere Gruppe bestünde aus den Gefangenen, die den Erklärungen des Rückkehrers folgen können und die sie verstehen. Für die andere weit größere Gruppe wären die Erläuterungen zu kompliziert und daher unverständlich. Wenn sie aber überzeugend vorgetragen werden, würde diese Gruppe den Ausführungen uneingeschränkt glauben und sie nicht infrage stellen. Für beide Gruppen kann dies ein Sprung auf eine weitere Sinnesebene bedeuten. Während es für die erste eine Befreiung von alten Paradigmen beinhaltet, haben sich die Fesseln für die Gefangenen der zweiten Gruppe nicht gelockert. Sie leben weiterhin in einer Schattenwelt, die sie nicht verstehen. Jedoch haben sie jetzt ein anderes Vorbild, das sie auf der nächsten Stufe der Sinneswelt in Bann hält. Wieso es manchen Menschen gelingt, diese Vorbildfunktion einzunehmen, kann viele Ursachen haben. Oftmals spielen hierbei fachliche Gründe nur eine untergeordnete Rolle, weil diese von der zweiten Gruppe nicht verstanden oder bewertet werden können. Daher sind auch andere Merkmale, wie beispielsweise Integrität, moralisches Handeln, öffentliche Präsens oder, wie im Fall von Stephen Hawking, persönliche Schicksalsschläge von großer Bedeutung. Aber auch Charisma, Wortgewandtheit, und sympathisches Auftreten sind nicht zu unterschätzende Wesensmerkmale, die diese Führungsqualitäten ausmachen. Einige Menschen kommen ungewollt in diese Rolle und sind eigentlich nicht daran interessiert eine führende

Funktion zu übernehmen. In der Physik kam Stephen Hawking diese Aufmerksamkeit zu. Seine Popularität und Anerkennung waren enorm, obwohl er sich mit einem der kompliziertesten wissenschaftlichen Themen befasste, die nur von einer geringen Anzahl von Experten in seiner gesamten Komplexität verstanden werden kann. Sein Status kommt daher dem einer Ikone gleich und so lässt es sich auch erklären, dass über 1000 Menschen zu seiner Beerdigung kamen und die Medien weltweit über seinen Tod berichteten. Vielen anderen verstorbenen Physikern, die wie Hawking bahnbrechende Erfolge erzielt haben, wurde diese Aufmerksamkeit nicht zuteil.

# Sartre und die Grenzen der Freiheit

2

## 2.1 Existenz geht der Essenz voraus

Da die Identifikation mit einer Leitfigur und das damit verbundene Aufsteigen auf eine neue Sinnesebene mit einem Glaubensbekenntnis verbunden sein kann, stellt sich die Frage, warum viele Menschen bereit sind, diesen Weg einzuschlagen, auch wenn er keine Befreiung darstellt. Hier bietet es sich an, auf Jean-Paul Sartre zu verweisen. Sartre, einer der bekanntesten Philosophen der Nachkriegszeit, ist ein Vertreter des atheistischen Existenzialismus. Eine seiner meist zitierten Thesen, *die Existenz geht der Essenz voraus*, beschreibt, dass ein neugeborener Mensch ohne Funktion ins Leben geworfen wird. Mit diesem Schicksal ausgestattet muss jeder Mensch sein Leben selber in die Hand nehmen und es nach seinen Vorstellungen gestalten. Weil es einzig seine Verantwortung ist, genießt er alle nur erdenklich möglichen Freiheiten, um dieses Ziel zu erreichen. Wie sich aber eine zu treffende Entscheidung auf das Leben auswirken kann, ist nicht vorhersehbar. Aufgrund dieser Ungewissheit wird durch jede Entscheidung Angst ausgelöst. Angst wirkt sich aber lähmend auf die Freiheit aus. Daher, so Sartre weiter, sind *„die einzigen Grenzen, auf die die Freiheit [...] stößt, diejenigen, die sie sich selber auferlegt"* (Sartre 1970, S. 128). Setzt man die Gedanken Sartres mit dem Höhlengleichnis in Verbindung, bedeutet dies im Umkehrschluss, dass ein Mensch auch selber bestimmen kann, wie eng seine Fesseln geschnürt sind. Für die essentiellen Fragen des Lebens, die sich beispielsweise mit der Entstehungsgeschichte oder der Vergänglichkeit unseres Seins beschäftigen, gibt es bislang keine Erklärungen, die eine eindeutige Antwort geben können. Weil diese Fragestellungen jedoch von sehr großer Bedeutung und Tragweite für die Gestaltung von unseren Leben sind, kann die Auseinandersetzung mit diesen Themen Angst auslösen. Dies wiederum kann das Freiheitsempfinden von

© Springer Fachmedien Wiesbaden GmbH, ein Teil von Springer Nature 2020
H. Herwald, *Wie Wissenschaft Länder, Gesellschaften, Religionen vereint,*
essentials, https://doi.org/10.1007/978-3-658-28840-2_2

Menschen negativ beeinflussen und sich somit destruktiv auf die Entscheidungs-findung auswirken. Um der zerstörerischen Kraft der Angst zu entgehen, ist der Mensch auf der Suche nach möglichen Erklärungshilfen, die eine Lösung dieser Fragen erlauben. Dabei muss es nicht unbedingt von Bedeutung sein, wie plausibel die Argumente sind, denn solange sie helfen, ein Angstgefühl zu unterbinden, erfüllen sie ihre Funktion. Hierbei kann der Glaube eine wichtige Rolle übernehmen, weil er Antworten auf Fragen gibt, die ansonsten nicht beantwortet werden können. Dabei ist Glaube nicht nur im religiösen Sinne gemeint, sondern er kann sich auch auf andere Bereiche wie soziale Verantwortung, Ethik und Wissenschaft beziehen. Der Glaube ist somit ein wichtiges Hilfsmittel, um einen Weg aus der Angst zu finden und er kann Menschen die Antriebskraft geben, aus freien Willen Entscheidungen zu treffen. Wenn man daher aufgrund des Glaubens auf eine höhere Sinnesebene steigt, hat man sich zwar immer noch nicht seiner Fesseln entledigt, die zu einem besseren Verständnis der Ideenwelt führen, aber es gibt einem die Möglichkeit, ohne Angst und aus freien Willen Entscheidungen für die Zukunft zu treffen. Die gewonnene Freiheit muss also mit dem Verlust der Freiheit bezahlt werden oder in Sartres Worten ausgedrückt: *„die einzigen Grenzen, auf die die Freiheit [...] stößt, sind diejenigen, die sie sich selber auferlegt" (Ebd.).*

# Warum Paradigmenwechsel wichtig sind 3



## 3.1 Thomas S Kuhn und der Paradigmenwechsel

In der Geschichte der Menschheit gibt es immer wieder Beispiele, die zeigen, wie schwer es ist, neue bahnbrechende wissenschaftliche Konzepte und Theorien gegen die bereits bestehenden und etablierten durchzusetzen. So schrieb Max Planck in seiner Autobiografie *„Eine neue wissenschaftliche Wahrheit pflegt sich nicht in der Weise durchzusetzen, daß ihre Gegner überzeugt werden und sich als belehrt erklären, sondern vielmehr dadurch, daß ihre Gegner allmählich aussterben und daß die heranwachsende Generation von vornherein mit der Wahrheit vertraut gemacht ist.“ (Planck 1948, S. 22).* Auch die Wissenschaftsphilosophie hat sich diesem Thema gewidmet. Einer ihrer bedeutendsten Vertreter Thomas S. Kuhn, ein amerikanischer Physiker und Wissenschaftsphilosoph, entwickelte Mitte des 20. Jahrhunderts das sogenannte Paradigmenkonzept. Dabei ging er davon aus, dass *„die Entwicklung der Wissenschaft kein fortschreitendes Anwachsen des Wissensvorrates durch Akkumulation, sondern ein Prozess dezidierter Brüche ist“* (Kuhn 1976, S. 91). Nach Kuhn verläuft der wissenschaftliche Fortschritt in mehreren Phasen. In einer vor-paradigmatischen Phase werden unterschiedliche Modelle entwickelt, die dazu dienen sollen, eine wissenschaftliche Fragestellung zu erklären. Wenn sich ein Model durchsetzen kann, bezeichnet Kuhn dies als die Entstehung einer *Normalwissenschaft*. Mit ihr lassen sich die bestehenden Fragen zwar beantworten, jedoch können im Laufe der Zeit Beobachtungen gemacht werden, die sich durch die derzeit bestehende Normalwissenschaft nicht mehr erklären lassen. Kuhn spricht dann von der Entstehung von Anomalien. Diese werden anfangs oft von der wissenschaftlichen Gemeinschaft angezweifelt, was dazu führen kann, dass die Kompetenz der

© Springer Fachmedien Wiesbaden GmbH, ein Teil von Springer Nature 2020    15
H. Herwald, *Wie Wissenschaft Länder, Gesellschaften, Religionen vereint*,
essentials, https://doi.org/10.1007/978-3-658-28840-2_3

entsprechenden Forscher infrage gestellt wird. Falls die Anzahl der Anomalien stetig wächst, kann so eine Krise ausgelöst werden, die unter Umständen zu einer wissenschaftlichen Revolution führt und einen Paradigmenwechsel einleitet. Wenn es sich um Paradigmen handelt, in denen es keine gemeinsamen Schnittmengen gibt, wie z. B. bei der Annahme, dass die Erde eine Scheibe oder eine Kugel sei, wird dies laut Kuhn als Inkommensurabilität bezeichnet. Meist handelt es sich jedoch um mehr komplexere und schwer begreifbare wissenschaftliche Probleme. Als Beispiel verwendet Kuhn hierbei das Kopernikanische Weltbild, Newtons Mechanik und Einsteins Relativitätstheorie.

Um sein Konzept auf eine einfache und verständliche Weise zu erklären, benutzte Kuhn oft ein Vexierbild von Joseph Jastrow, das je nach Ansicht entweder eine Ente oder ein Kaninchen darstellt. Es ist jedoch dem Betrachter nicht möglich, beide Tiere gleichzeitig zu erkennen (s. Abb. 3.1). Ähnlich verhält es sich bei einem Paradigmenwechsel. Hier kann das Aufsetzen einer „Paradigmenbrille" dazu führen, dass nur eine von vielen Sichtweisen verwendet wird, um ein wissenschaftliches Problem anzugehen. Bei einem Wechsel zu einer neuen Paradigmenbrille kann so ein neuer Wissenschaftszweig entstehen, der mit der vorherigen Normalwissenschaft nichts mehr gemeinsam hat, obwohl sich beide mit demselben Thema befassen. Es handle sich also nicht um Weiterentwicklungen, sondern eher um Parallelentwicklungen, was im eigentlichen Sinne kein Fortschritt sei, so viele Kritiker von Kuhn.

Mit jedem Paradigmenwechsel entsteht eine neue vor-paradigmatische Phase und so ist sie der Beginn einer neuen Normalwissenschaft. Bei diesem Prozess kommt es auch zu einem Austausch bestehender Normen und Werte, die eine direkte Auswirkung auf die Sinneswelt der Menschen haben können. Die Annahme beispielsweise, dass die Erde eine Kugel sei, veranlasste Christoph

**Abb. 3.1** Kaninchen Ente Illusion von Joseph Jastrow (1863–1944). Quelle: https://upload. wikimedia.org/wikipedia/ commons/4/45/Duck-Rabbit_illusion.jpg

Kolumbus Ende des 15. Jahrhunderts, einen neuen Seeweg zu wählen, um von Europa nach Indien zu gelangen. Zwar ist es möglich Indien über den Westweg mit dem Schiff zu erreichen, aber das Vorhaben von Kolumbus führte zu unerwarteten Entdeckungen, die ihrerseits wiederum für eine große Anzahl von Paradigmenwechseln verantwortlich waren.

Wie bereits erwähnt, war das Kuhnsche Inkommensurabilitätsmodel Ende des letzten Jahrhunderts nicht unumstritten und wird auch heute noch kontrovers diskutiert. Hauptkritikpunkt ist, dass sich bei einer Inkommensurabilität mit demselben Model weitergearbeitet wird und so kein neues Model entstehen kann. Daher sei mit Kuhns Ansatz wissenschaftlicher Fortschritt nicht möglich und es wird ihm vorgeworfen, dass er ein Relativist sein, er also die Existenz von absoluten Wahrheiten verneine. Kuhn widersprach dem jedoch und schrieb hierzu: *„Spätere wissenschaftliche Theorien sind besser als frühere geeignet, Probleme in den oft ganz unterschiedlichen Umwelten, auf die sie angewendet werden, zu lösen. Dies ist keine relativistische Position, und in diesem Sinne bin ich fest überzeugt vom wissenschaftlichen Fortschritt."* (Kuhn 1979, S. 217).

Kuhn veröffentlichte sein Paradigmenkonzept 1962 in den USA unter dem Titel *„The Structure of Scientific Revolutions"*. Fünf Jahre später wurde es ins Deutsche übersetzt und erschien unter dem Titel *„Die Struktur wissenschaftlicher Revolutionen"*. Sein Buch hat nicht nur in der naturwissenschaftlichen Fachwelt großes Aufsehen erregt, sondern wurde auch fächerübergreifend viel diskutiert. So ist es nicht verwunderlich, dass Kuhns Terminologie auch in vielen anderen Wissenschaftsbereichen Anwendung findet. Selbst im allgemeinen Sprachgebrauch hat der Begriff *„Paradigmenwechsel"* seinen Platz gefunden und wird oft bei der Veränderung von bestehenden Normen, Denkmustern und Zielsetzungen benutzt, um nur drei von vielen Beispielen zu nennen. Wie auch in den Naturwissenschaften hatten einige Paradigmenwechsel in Religion, Geschichte und Politik weitreichende Veränderungen zur Folge und konnten zu einem Übergang in eine neue Sinneswelt führen. Teilweise haben sie die Weltgeschichte so dramatisch verändert, dass wir heute noch ihre Auswirkungen spüren. Waren Paradigmenwechsel in der Antike und im Mittelalter meist mythologisch oder politisch bedingt, wurden sie im Zeitalter der Industrialisierung vermehrt auch aufgrund von naturwissenschaftlichen und technischen Fortschritten ausgelöst. In neuerer Zeit hat zudem die Digitalisierung zu Paradigmenwechseln geführt und es wird erwartet, dass noch weitere folgen werden. Inzwischen gehen viele Geistes- und Naturwissenschaftler sogar davon aus, dass uns mit der Einführung der künstlichen Intelligenz einer der bislang bedeutendsten, wenn nicht der bedeutendste, Paradigmenwechsel bevorsteht.

## 3.2    Religion und Paradigmenwechsel

Damals wie heute dienten und dienen Paradigmenwechsel u. a. auch dazu, Weltbilder zurechtzurücken und sie dem aktuellen Erkenntnis- und Bedürfnisstand anzupassen. Die Vergangenheit hat gezeigt, dass es sich dabei oft um essenzielle Fragen handelte, mit denen Werte und Normen bestimmt werden konnten oder die im Sinne der jeweiligen Machtkonstellationen waren. Häufig vollzogen sich in der Geschichte der Menschheit Paradigmenwechsel gemäß dem Kuhnschen Prinzip, in dem anfangs die neuen Konzepte abgelehnt wurden und sie sich erst später und nach massivsten Widerständen durchsetzen konnten. Hierzu gibt es in der Geschichte der Menschheit zahllose Beispiele. Aufgrund fehlender wissenschaftlicher Erklärungsmöglichkeiten waren sie zunächst oft mythologischen Ursprungs. So wurden bereits schon in der vorchristlichen Zeit Mythen benutzt, um nicht nur Fragen des Ursprunges und der eigenen Vergänglichkeit zu erklären, sondern auch um Normen und Regeln für das alltägliche Leben zu schaffen. Eines der ältesten Werke der Weltliteratur ist das Gilgamesch Epos, das vor ca. 4.000 Jahren verfasst wurde. Das Werk besteht aus 12 Tontafeln und erzählt die Abenteuer vom Gilgamesch, einem irdischen König mit göttlicher Abstammung, der als Tyrann über den sumerischen Stadtstaat Uruk herrschte. Um die unzufriedene Bevölkerung zu besänftigen, schufen die Götter Enkidu, der erst ein Gegenspieler von Gilgamesch war, dann aber zu seinem Freund und Wegbegleiter wurde. Mit ihm unternahm Gilgamesch auch seine Reisen und erlebte viele Abenteuer. Nach dem Tode Enkidus beschloss Gilgamesch aus Angst vor seiner eigenen Vergänglichkeit, die Unsterblichkeit zu finden und setzte seine Reisen fort. Unter anderem traf er dabei auf Ut-napischtim, der an den Ufern des Euphrat lebte. Ut-napischtim konnte eine Sintflut überleben, weil ihm Ea, der Gott der Weisheit, im Traum befahl, sich von seinen Gütern zu trennen und ein so großes Schiff zu bauen, dass es Platz für alle Lebewesen hätte. Im letzten Teil des Epos, das sehr wahrscheinlich nachträglich hinzugefügt wurde, werden die Erfahrungen von Gilgamesch mit der Unterwelt geschildert. Hier bekommt Gilgamesch die Gelegenheit mit dem Schatten seines verstorbenen Freundes Enkidu zu sprechen. Von ihm erfährt Gilgamesch, dass die Unterwelt ein Ort sei, der je nachdem wie man sein Leben gelebt hat, trostlos und qualvoll sein kann oder ein Leben im Luxus bedeutet. Wie auch in vielen anderen Mythen, werden im Gilgamesch Epos gesellschaftliche und politische Krisen sowie Naturkatastrophen meist durch göttlichen Zorn hervorgerufen oder durch deren Barmherzigkeit wieder gelöst. Ähnliches gilt bei der Suche nach dem Ursprung des Lebens und der Auseinandersetzung mit der eigenen Vergänglichkeit, da auch hier göttliche Kräfte für das Unerklärliche verantwortlich gemacht werden.

Um die Bedeutung des Gilgamesch Epos zu verstehen, muss man sich vor Augen halten, dass Uruk vor ca. 6.000 Jahren gegründet wurde und als die älteste Stadt in der Geschichte der Menschheit gilt. Mit ihren über 30.000 Einwohnern war Uruk großen Herausforderungen ausgesetzt. Die Stadt wuchs, der Handel blühte und neue handwerkliche wie kaufmännische Berufszweige entstanden. Eine Schrift gab es noch nicht, nur Symbole, die in Tontafeln geritzt wurden, um den Handel zu dokumentieren. Infolgedessen gab es auch keine geschriebenen Gesetze, eine zentrale Verwaltung war so gut wie nicht vorhanden und bürokratische Vorschriften wurden erst viel später eingeführt. Alles steckte noch in den Kinderschuhen und soziale wie auch wirtschaftliche und kulturelle Strukturen mussten sich erst bilden. Daher kam der Religion anfangs eine wichtige Rolle zu, die viele Funktionen übernahm. Dies spiegelte sich auch im Stadtbild wider. Dreidimensionale Computerrekonstruktionen weisen heute auf verschiedene Tempelanlagen hin. Eine von ihnen, das Heiligtum von Eanna, lag im Zentrum der Stadt und diente nicht nur zur Verehrung der Stadtgöttin, sondern wurde auch als Schatzkammer und zur Lagerung von Vorräten verwendet. Mit dem wachsenden Wohlstand konnten sich nun aber auch Teile der Bevölkerung der Kunst und den Wissenschaften widmen. Dies wiederum führte zu einer teilweisen Distanzierung von den Göttern, wie es im dem Gilgamesch Epos beschrieben ist. Beispielsweise verweigerte sich Gilgamesch den Annäherungen der Liebesgöttin Ischtar und lehnte zudem auch noch ihren Heiratsantrag ab. Die Macht der Götter war damit nicht mehr unantastbar und man konnte sich ihnen jetzt widersetzen, ohne sich vor ihrem Zorn oder ihrer Rache fürchten zu müssen. Somit ermöglichten die Einführung gesellschaftlicher Normen und das verbesserte Verständnis von Naturereignissen einen Übergang in eine neue Sinneswelt, in der man in kleinen Schritten von dem Bild übermächtiger Gottheiten abrückte. Mit dem Entstehen höher entwickelter Zivilisationen setzte sich diese Entwicklung fort. So auch in der griechischen Antike mit ihren ironischen Darstellungen der Götterwelt in den Werken von Homer und den Tragödien von Sophokles, in denen die Menschen und nicht mehr die Götter im Mittelpunkt stehen (Horn 2008).

Dass Entmythisierungen mit einem Paradigmenwechsel verbunden sein können, lässt sich an zahlreichen Beispielen aus der Bibel belegen. Den sehr wahrscheinlich bedeutsamsten Paradigmenwechsel löste Charles Darwin 1859 mit der Veröffentlichung seines Buches *„Über die Entstehung der Arten"* (Darwin 1859) aus. In seinem Werk vertrat Darwin die These, dass der Mensch das Ergebnis einer langen Evolutionsgeschichte sei und er nicht, wie in der Schöpfungsgeschichte beschrieben, von Gott an einem Tage erschaffen wurde. Zu diesem Schluss kam er, nachdem er aufgrund einer mehrjährigen Schiffsreise die Gelegenheit hatte, Flora und Fauna an den unterschiedlichsten Orten der Welt zu studieren. Dabei fiel ihm auf, dass Pflanzen wie Tiere sich den natürlichen Bedingungen anpassen können. Hierfür machte er die natürliche Selektion verantwortlich, welche die treibende Kraft sei, dass sich Lebensformen sich gegenüber ihren Konkurrenten durchsetzen können. Im Umkehrschluss würde dies jedoch bedeuten, folgerte Darwin, dass alles Leben einen gemeinsamen Ausgangspunkt haben müsste. Darwin war sich der Bedeutung seiner Schlussfolgerungen bewusst und ließ sich daher mehr als 20 Jahre Zeit, bis er sich seiner Sache so sicher war, dass er die Ergebnisse seiner Forschung der Öffentlichkeit zugänglich machte. Hierfür hatte er seine Gründe. Aus der Schöpfungsgeschichte geht nämlich hervor, dass Gott den Menschen nach seinem Abbild geschaffen habe, was nicht im Einklang mit der Evolutionstheorie steht. Die Reaktionen blieben nicht aus. Die erste Auflage seines Buches war innerhalb kürzester Zeit ausverkauft und weitere mussten folgen. Heute geht man davon aus, dass fast jeder Engländer, der lesen konnte, eine Ausgabe des Werkes besaß. Das Buch polarisierte und spaltete die gelehrte Welt in zwei Lager. Auch wenn viele Wissenschaftler seine Theorie unterstützten, wurde Darwin auch massiv angefeindet u. a. mittels Karikaturen, die ihn als Affen darstellten (s. Abb. 3.2). Die katholische Kirche hielt sich jedoch auffallend zurück. Zwar wurde die Evolutionstheorie von vielen gläubigen Katholiken als Bedrohung empfunden, doch auf eine offizielle Stellungnahme des Vatikans wurde zunächst verzichtet (Wolters 2009). Erst 1950 äußerte sich Papst Pius XII in der Enzyklika *„Humani Generis"* zu diesem Thema. In dieser schrieb er: *„Deshalb verbietet das Lehramt der Kirche nicht, daß die „Evolutionslehre" [...] gemäß dem heutigen Stand der menschlichen Wissenschaften und der heiligen Theologie in Forschungen und Erörterungen von Gelehrten in beiden Feldern behandelt werde, und zwar so, daß die Gründe beider Auffassungen, nämlich der Befürworter und der Gegner, mit der nötigen Ernsthaftigkeit, Mäßigung und Besonnenheit erwogen und beurteilt werden"*.

Die katholische Kirche hatte jedoch nicht immer eine so tolerante Einstellung zu Themen, die eine potenzielle Bedrohung des Glaubens darstellen. Dies zeigt sich insbesondere am Beispiel des Übergangs vom geozentrischen Weltbild, in dem die Erde im Mittelpunkt des Universums ist, zum heliozentrischen Weltbild, auch als Kopernikanisches Weltbild bezeichnet, in dem sich die Erde um die Sonne dreht. Dabei stand jedoch nicht Nikolaus Kopernikus (1473–1543) im Mittelpunkt des Geschehens, sondern Galileo Galilei (1564–1641), dem es gelang, den Beweis für das Kopernikanische Weltbild zu erbringen. Dies war jedoch nicht im Sinne der katholischen Kirche und so kam es 1633 zu einem Prozess, indem Galilei unter Androhung von Folter gezwungen wurde, das geozentrische Weltbild zu akzeptieren (Abb. 3.3). Mit diesem Geständnis bliebt Galilei zwar der Kerker

**Abb. 3.2**  Darwin-Karikatur erschien am 22. März 1871 im Magazin The Hornet. Quelle: https://de.wikipedia.org/wiki/Charles_Darwin#/media/Datei:Editorial_cartoon_depicting_Charles_Darwin_as_an_ape_(1871).jpg

erspart, jedoch wurde ihm ein lebenslanger Hausarrest auferlegt. Es mussten aber noch ca. 350 Jahre vergehen bis 1992 Galilei von Papst Johannes Paul II. rehabilitiert wurde.

Neben der Schöpfungsgeschichte und dem heliozentrischen Weltbild gibt es viele andere Beispiele in der Bibel, insbesondere auch im Neuen Testament, in dem Ereignisse beschrieben werden, die nicht wissenschaftlich erklärbar sind. Der evangelische Theologe und Professor für das Neue Testament, Rudolf Karl Bultmann (1884–1976) schrieb 1951 hierzu einen viel umstrittenen Artikel, der mit dem Satz beginnt: *"Das Weltbild des Neuen Testaments ist ein mythisches"* (Bultmann 1951, S. 15). Bultmann war der Ansicht, dass viele Geschehnisse

**Abb. 3.3** Galileo vor der Inquisition (1857) von Cristiano Banti (1824–1904). (Quelle: https://upload.wikimedia.org/wikipedia/commons/8/88/Galileo_facing_the_Roman_Inquisition.jpg)

und Wunder des Neuen Testaments zu einer Zeit entstanden sind, die noch nicht oder nur kaum von einem wissenschaftlichen Denkansatz geprägt waren. Da in der heutigen Welt das Wissen über diese Mythen nicht mehr vorhanden sei, so Bultmann, seien viele dieser Gleichnisse kaum noch verständlich. Um das Neue Testament den Menschen wieder zugänglich zu machen, müsse es daher entmythologisiert werden. Als Beispiel nennt Bultmann u. a. die Auferstehung von Jesus Christus, insbesondere die Legenden vom leeren Grab und von der Himmelfahrt. Da beides für ihn historisch wie wissenschaftlich nicht erwiesen ist, war er zudem der Ansicht, dass diese, wie auch andere Wundergeschichten des Neuen Testaments, für den modernen Menschen ein Grund seien, sich von dem christlichen Glauben abzuwenden. Daher forderte Bultmann: *„Die heutige christliche Verkündigung steht also vor der Frage, ob sie, wenn sie vom Menschen Glauben fordert, ihm zumutet, das vergangene mythische Weltbild anzuerkennen. Wenn das unmöglich ist, so entsteht für sie die Frage, ob die Verkündigung des*

*Neuen Testaments eine Wahrheit hat, die vom mythischen Weltbild unabhängig ist; und es wäre dann die Aufgabe der Theologie, die christliche Verkündigung zu entmythologisieren"* (Bultmann 1951, S. 16). So bedeutet für Bultmann das Kreuz Christi nicht die Erinnerung an ein vergangenes Ereignis, sondern die Aufforderung *„das Kreuz Christi als das eigene zu übernehmen"* (Ebd., S. 42), also ein Leben im Sinne von Jesus Christus zu führen. Die Reaktionen auf Bultmanns hermeneutischen Ansatz blieben nicht aus. So trafen sich 1966 über 20.000 Christen in der Dortmunder Westfalenhalle, um sich zum Evangelium zu bekennen und gegen den *„Vormarsch der Gottlosigkeit"* (Osenberg 2016) zu demonstrieren. Auch heute noch polarisieren Bultmanns Thesen und sie werden immer noch kontrovers diskutiert. Ein Hauptkritikpunkt ist, dass bei dem Versuch, die Religion unter einem verwissenschaftlichen Aspekt zu verstehen, ein Glaube nicht mehr möglich sei. Der Vorwurf ist jedoch unberechtigt, da es Bultmann nicht darum ging den Mythos zu eliminieren. Im Gegenteil; denn durch die Entmythologisierung und einer modernen Interpretation des Neuen Testaments wollte Bultmann die christliche Religion denjenigen wieder zugänglich machen, die die Bibel nicht mehr als zeitgemäß betrachten. Die beschriebenen Beispiele zeigen, dass Paradigmenwechsel in der Religion sehr langwierig sein können oder aber zur Bildung von unterschiedlichen Lagern führen. In Anbetracht der Tatsache, dass sich die Naturwissenschaften zurzeit in einem sehr hohen Tempo weiterentwickeln, kann davon ausgegangen werden, dass sich in Zukunft die Kluft der beiden Lager weiter vergrößern wird.

## 3.3  Politik und Paradigmenwechsel

Zurück zu den Anfängen der Zivilisation. Mit dem Aufkommen der Urbanisierung kamen neue Herausforderungen auf die Menschen zu. Dies führte u. a. auch dazu, dass religiöse Regeln nicht mehr ausreichten, um das alltägliche Leben in den Städten zu bewältigen. Es mussten öffentliche Ämter eingerichtet werden, die von Politikern und Beamten bekleidet wurden. Aus Stadtstaaten entstanden Länder, die sich teilweise später zu Imperien und Weltmächten entwickeln sollten. Gesetze wurden verfasst und Steuern erhoben. Nur durch diese und anderen strukturellen Veränderungen konnte ein Zusammenleben auch auf engen Raum gewährleistet werden. Mit der Entstehung von neuen Ballungszentren stellte sich auch die Landwirtschaft um. Bauern mussten, statt nur für die eigene Familie zu sorgen, nun Lebensmittel für die Stadtbevölkerung produzieren. Um diesen Aufgaben gerecht zu werden, wurde massiv in die Natur eingegriffen. So wurden Wälder gerodet, Sümpfe trockengelegt und gefährliche

Tiere gejagt oder ausgerottet. Die landwirtschaftlichen Erträge konnten erhöht werden, indem Felder mit Kanalisationssystemen bewässert wurden. Ackergeräte wie Pflüge und Eggen kamen zum Einsatz und Zugtiere wurden verwendet, damit die Äcker ertragreicher bearbeitet werden konnten. Mühlen wurden erbaut, um damit Getreide zu mahlen. Um die Fleischversorgung zu sichern, führte man die Tierzucht ein. Außerdem wurden etliche Verfahren entwickelt, um Lebensmittel haltbarer zu machen. Die Liste der Fortschritte lässt sich endlos verlängern und machte auch nicht vor dem städtischen Leben halt. Neue Berufe wie Töpfer, Gerber und Metallschmied entstanden. Das Geld wurde als Bezahlmittel eingeführt und der Handel blühte auf. All diese Entwicklungen waren nur möglich, weil die Menschen, damals wie auch heute, in der Lage waren, sich ihren neuen Lebenssituationen anzupassen. Auch in der Medizin gab es Weiterentwicklungen zu verzeichnen, Heilkräuter wurden gesammelt, einfache chirurgische Verfahren entwickelt und in einigen Teilen der Welt waren schon Grundkenntnisse über die menschliche Anatomie vorhanden. Mit den Fortschritten in der Landwirtschaft und den Einführungen neuer Berufszweige entstanden die Voraussetzungen für das Zusammenleben der Menschen auf einem begrenzten Raum. Solange keine Naturkatastrophen eintraten oder die Stadt vom Krieg erschüttert wurde, war zwar meist eine Versorgung gewährleistet, aber dies bedeutete nicht, dass die Nahrungsmittel gleichmäßig verteilt waren. Denn mit der Urbanisierung kam es auch zur Ausbildung von unterschiedlichen sozialen Machtstrukturen und Gesellschaftsklassen. Diese führten u. a. auch dazu, dass die Schere zwischen arm und reich immer weiter auseinanderklaffte und so waren schon damals viele hilfsbedürftige und notleidende Menschen nicht in der Lage, sich ausreichend mit Nahrungsmitteln zu versorgen. Daher waren Mangelernährungen unter den Bedürftigen keine Seltenheit. Hinzu kam, dass mit den neuen Lebensbedingungen auch die Bevölkerungszahlen anstiegen und so der Bedarf an Lebensmitteln stetig wuchs. Inwiefern die Verbesserungen in der Landwirtschaft zu dem Bevölkerungswachstum geführt haben oder der Bevölkerungswachstum die Landwirte zwang, höhere Erträge zu erzielen, ist schwer zu beantworten. Tatsache ist jedoch, dass es zu jeder Zeit in der Geschichte der Menschheit ein Ungleichgewicht in der Versorgung gab und nie für alle Gesellschaftsschichten ausreichend Lebensmittel zur Verfügung standen. Waren diese Missstände vor mehr als 5.000 Jahren meist nur regional und betrafen hauptsächlich Stadtstaaten, wurden sie später teilweise auch zu länderübergreifenden Problemen, die sich heute sogar über ganze Kontinente erstrecken können. Die Entwicklung verbesserter landwirtschaftlicher Produktionsverfahren hatte zudem noch einen anderen Preis. Denn mit jedem weiteren Fortschritt wurden die Eingriffe in die jeweiligen Ökosysteme massiver. War die Natur anfangs noch in der Lage, diese Schäden teilweise zu kompensieren, ist dies heute nicht mehr der Fall. Insbesondere das Abholzen der Regenwälder ist hier zu benennen, aber auch die Überdüngung der Felder, die Verwendung von Antibiotika in der Massentierhaltung und die Erzeugung von Treibhausgasen, ebenfalls in der Massentierhaltung, haben bereits jetzt schon maßgeblich zum Klimawandel, zur Verunreinigung des Grundwassers und zur Ausbreitung von Antibiotikaresistenzen beigetragen. Daher wurde mit jedem Fortschritt zwar eine Ertragssteigerung erzielt, aber das eigentliche Problem der gerechten Verteilung wurde damit nicht gelöst, sondern es wurde von einem lokalen zu einem globalen Problem. Dabei sind die Umweltschäden, die durch die Landwirtschaft entstanden sind nur ein Problem von vielen. Aufgrund von technologischen Weiterentwicklungen und veränderten Lebensansprüchen wurde der Raubbau an der Natur weiter vorangetrieben. Wie auch in der Landwirtschaft haben diese Entwicklungen zu unwiederbringlichen Schäden geführt. Die globale Erderwärmung, die Verschmutzung durch Plastikmüll und die Lagerung von atomarem Abfall sind nur drei von vielen ungelösten Problemen. Diese sind vor allem dadurch entstanden, da bei der Entwicklung von verbesserten Technologien häufig nur das primäre Ziel verfolgt wurde, wie z. B. das bestehende Produkt zu verbessern, die Produktionsleistung zu erhöhen oder es konkurrenzfähiger zu machen. Erst in letzter Zeit werden Aspekte, welche z. B. die Nachhaltigkeit betreffen, bei der Produktion mitberücksichtigt. Allerdings geschieht dies nicht ausschließlich aus Verantwortung gegenüber unserer Umwelt, sondern um das Gewissen des Käufers zu entlasten, also aufgrund marktstrategischer Überlegungen und um das Produkt noch attraktiver zu machen.

Auch hier bietet sich ein Vergleich mit dem Höhlengleichnis an. Oftmals sind die Angestellten einer Firma, die an der Neu- oder Weiterentwicklung von Produkten oder deren Vermarktung arbeiten, wie die Gefangenen in der Höhle in ihrer Wahrnehmung befangen, da sie an den Prämissen und Zielsetzungen ihrer Arbeitsgeber gebunden sind. Diese Vorgaben erscheinen wie die Schatten auf der Höhlenwand und müssen erfüllt werden. Denn sowohl das Wohl der Firma und somit auch das des Arbeitnehmers sind an diese Zielvorgaben gekoppelt. Somit sind sie ein Teil der Sinneswelt der Mitarbeiter geworden. Ob diese Zielvorgaben jedoch in Einklang mit übergeordneten Zielen stehen, die z. B. einen Beitrag zum Umweltschutz leisten können, spielt dabei meist nur eine untergeordnete Rolle. Ein Übergang zu einer höheren Sinnesebene ist zudem dann auch noch erschwert, wenn beispielsweise langfristig vorausschauende Veränderungen zum Wohle des Klimaschutzes zum Schaden der Firma führen würden. Globalisierung und Neoliberalismus tragen außerdem dazu bei, dass es sich dabei teilweise um gigantische Produktionsmengen handelt, die einem harten Konkurrenzkampf unterworfen sind. Dies wiederum führt dazu, dass die Fesseln noch enger geschnürt werden und die Schatten immer mehr an Bedeutung gewinnen. Die weitreichenden Folgen jedoch verlieren immer mehr an Wichtigkeit und werden daher ignoriert.

Ein Paradigmenwechsel scheint im Augenblick noch nicht in Sicht zu sein, auch wenn sich die mahnenden Stimmen mehren und mit zunehmenden Klimakatastrophen sich auch die Anzahl von Anomalien stetig erhöht. Es entsteht daher der Eindruck, dass die Politik an ihre Grenzen gekommen ist. Dabei wäre es dringendst notwendig, hier die Paradigmenbrille abzusetzen, damit politische Entscheidungen getroffen werden können, die langfristige Ziele verfolgen. Gerade in Bezug auf umweltrelevante Fragen müssen zukunftweisende Entscheidungen getroffen werden, die unabhängig von den Forderungen globaler Handelsbeziehungen sind, wie z. B. die von Energiekonzernen, der Automobilindustrie oder der chemischen Industrie.

Die Konsequenzen dieser Politik betreffen nicht nur die Umwelt, sondern nehmen auch direkten Einfluss auf die Gesundheit der Menschheit. So bremsen beispielsweise in der medizinischen Forschung wirtschaftliche Interessen die Entwicklung und Herstellung dringlichst benötigter Medikamente. Dies lässt sich insbesondere am Beispiel von Infektionskrankheiten und der Verwendung von Antibiotika verdeutlichen. Die Entwicklung neuer Medikamente ist zeit- und kostenaufwendig. So müssen oft 15 Jahre Entwicklungsarbeit investiert werden, um die Zulassung für ein neues Medikament zu erhalten. Dies kann mit Ausgaben verbunden sein, die mehrere Milliarden Euro übersteigen. Um diese Entwicklungskosten wieder einzufahren, haben die Pharmafirmen nur ein begrenztes Zeitfenster. Denn mit Ablauf eines 20-jährigen Patentschutzes können sogenannte Generikafirmen ebenfalls dieses Produkt herstellen und verkaufen. Da diese Firmen keine aufwendigen Entwicklungskosten haben, können sie dasselbe Produkt zu einem deutlich günstigeren Preis anbieten. Aus diesem Grund sind insbesondere langwierige Krankheiten wie Diabetes, Herzkreislauferkrankungen oder chronische Lungenerkrankungen lukrativ, da Patienten diese Medikamente regelmäßig und oft ein Leben lang einnehmen müssen. Antibiotika hingegen werden meist über einen begrenzten Zeitraum verschrieben und müssen restriktiv eingesetzt werden, um einer weiteren Ausbreitung von Antibiotikaresistenzen entgegenzuwirken. Mittlerweile sind die Preise für Antibiotika, die von Generikafirmen hergestellt werden, auf ein so niedriges Niveau gesunken, dass die Entwicklung neuer Antibiotika kein gewinnbringendes Konzept mehr ist. Daher wurde die Antibiotikaforschung von fast allen großen Pharmafirmen eingestellt. Gleichzeitig werden aber Antibiotika in der Tierhaltung eingesetzt, wodurch die Gefahr von Resistenzbildungen stetig steigt. Mittlerweile gibt es über 35.000 Todesfälle verursacht durch multiresistente Keime in Europa zu verzeichnen, bei denen keine der gängigen Antibiotikabehandlungen mehr angeschlagen hatte. Leider gibt es zurzeit kaum politische Bestrebungen, um diesen Entwicklungen Einhalt zu gebieten. Obwohl viele Ärzte und Wissenschaftler vor der Gefahr multiresistenter Bakterien warnen und vorhersagen, dass die Zahl der Todesfälle weiter steigen wird, findet weder ein politisches Umdenken statt noch werden Anreize für die pharmazeutische Industrie geschaffen, die Antibiotikaforschung wieder in ihr Programm aufzunehmen. Ein anderes Problem in der Arzneimittelforschung ist, dass sie hauptsächlich auf den von Industrieländern dominierten Markt ausgerichtet ist. Dies macht sich besonders bei der Entwicklung von sogenannten Biopharmazeutika, im Englischen auch als *Biologics* bezeichnet, bemerkbar. Oft handelt es sich dabei um Medikamente, deren Entwicklung noch kostenintensiver ist als die von herkömmlichen Arzneimitteln, weil ihre Herstellung mit einem enormen biotechnologischen Aufwand verbunden ist, wie z. B. bei Medikamenten zur Behandlung von Krebserkrankungen. Da die Industrieländer derzeit bereit sind, hohe Preise für Biopharmazeutika zu bezahlen, ist dies immer noch ein Sektor, der für die pharmazeutische Industrie lukrativ ist und in dem sie deshalb weiterhin investiert. Dabei spielt es jedoch aus marktstrategischen Überlegungen keine Rolle, dass sich ein Großteil der Weltbevölkerung diese Medikamente nicht leisten kann. Somit befinden sich auch die Forscher, die an der Entwicklung von diesen Medikamenten arbeiten, in einer Zwickmühle. Zum einem kann mit ihrer Arbeit Leid behoben werden und zum anderen trägt sie dazu bei, dass ein Teil der Bevölkerung von diesen Fortschritten nie profitieren wird. Um sich nicht mit diesem Konflikt auseinandersetzen zu müssen, hilft auch hier das Aufsetzen einer Paradigmenbrille. Dies hat zur Folge, dass sich Wissenschaftler auf die Entwicklung von verbesserten Arzneimitteln fokussieren können, ohne dabei die gesellschaftspolitischen Konsequenzen zu bedenken.

Die Entwicklung von Waffen, um Kriege zu führen, spielte in allen Epochen in der Geschichte der Menschheit eine wesentliche Rolle. Linus Carl Pauling, ein US-amerikanischer Wissenschaftler, dem 1954 der Nobelpreis für Chemie verliehen wurde, schrieb hierzu *„Der Krieg erscheint im allgemeinen Bewusstsein immer mehr wie ein Überbleibsel der prähistorischen Barbarei und ein Fluch für die Menschheit"* (Pauling 1964) daher sei es *„die Pflicht eines jeden Menschen in jeder erdenklichen Art und Weise daran mitzuwirken, dass es keinen Krieg mehr auf dieser Welt gibt. Dies ist der einzige vernünftige Weg, den die Welt einschlagen kann"* (Ebd.). Die ersten wissenschaftlichen Belege prähistorischer Barbarei mit Waffeneinsatz sind über 10.000 Jahre alt. So berichtete 2016 ein internationales Forscherteam von einem grausamen Fund aus der Mittelsteinzeit (Lahr et al. 2016). Tatort war der Turkana-See in Kenia, an dem ein Massengrab gefunden wurde. Über den Grund der kriegerischen Auseinandersetzungen kann zwar nur spekuliert werden, aber es liegt die Vermutung nahe, dass es sich um die Eroberung von Land und Ressourcen handelte. Um den Gegner zu überwältigen und zu töten, wurden Pfeile verwendet und es kamen auch Keulen zum Einsatz. Die Art der Verletzungen lässt darauf schließen, dass einige Opfer vor ihrem Tod gequält worden waren. Das Massaker am Turkana-See ist nur eines von vielen Beispielen, die sich wie ein blutroter Faden durch unsere Geschichte ziehen. Waffen haben schon immer eine Faszination ausgelöst. Mit ihnen ist es möglich, Kräfteverhältnisse zu verändern. Eine vermeintlich schwache Person kann mit einer Waffe in der Hand Gewalt über scheinbar Stärkere gewinnen. Das Kräftemessen macht aber auch nicht vor der Politik halt. Viele Kriege wurden gewonnen, da das angreifende Land dem Gegner waffentechnisch überlegen war. Beispiele hierzu lassen sich aus allen Epochen der Geschichte der Menschheit finden. Daher wurde und wird immer noch ein hoher Aufwand betrieben, um neue Waffensysteme zu entwickeln. Diese werden immer effizienter und perfider in ihrer Wirkungsweise. Dass dies ein sehr kostspieliges Unterfangen ist, zeigen beispielsweise die Preiskalkulationen für den Panzer Puma, der nicht vor 2030 einsatzbereit sein wird, aber jetzt schon mit einem Stückpreis vom 9 Mio. € einer der teuersten Schützenpanzer sein wird, der jemals produziert wurde. Noch teurer sind Kampfflugzeuge. Dabei ist der Eurofighter mit einem Stückpreis von über 90 Mio. € noch relativ billig. Den Rekord hält der Northrop B-2, ein amerikanischer Tarnkappenbomber, dessen Produktion mit mehr als einer Milliarde Euro pro Flugzeug veranschlagt wird. Die Liste von modernen und noch kostenintensiveren Kriegswaffen, wie U-Boote und Flugzeugträger sowie atomare Mittel- und Langstreckenraketen, lässt sich endlos weiterführen und ist mit extrem hohen Kosten verbunden, die eine enorme Belastung für jeden Staat sind. Der vom deutschen Bundestag verabschiedete Haushaltsentwurf für das Jahr 2020 sieht Gesamtausgaben in Höhe von ca. 360 Mrd. € vor. Die Kosten für den Verteidigungshaushalt liegen bei 45 Mrd. € und sind damit der zweitgrößte Kostenfaktor in der Haushaltsplanung (Bundesregierung 2019). Damit sind die Ausgaben für die Verteidigung ungefähr zweieinhalbmal so hoch wie die für Bildung und Forschung, dreimal so hoch wie für die Gesundheit und fünfmal so hoch wie für Wirtschaft und Energie. Sollte man denken, dass die Entwicklung und Produktion von Waffen einer hohen Verantwortung und Geheimhaltung unterliegen und daher unter der Verantwortung von staatlichen Unternehmen sein sollten, hat man sich getäuscht. So werden z. B. der Eurofighter von der Eurofighter Jagdflugzeug GmbH, ein Konsortium aus mehreren europäischen Firmen, der Schützenpanzer Puma von den deutschen Rüstungsunternehmen Krauss-Maffei Wegmann und Rheinmetall Landsysteme GmbH und U-Boote unter Mitwirkung der Howaldtswerke-Deutsche Werft GmbH hergestellt. Wie auch in anderen Industriesparten spielen auch hier wirtschaftliche Faktoren eine entscheidende Rolle, weil Rüstungsgüter begehrte Importprodukte für viele Staaten sind. Rüstungsexporte unterliegen zwar strengen gesetzlichen Vorschriften, aber es gibt immer wieder Belege, dass Waffen und andere Rüstungsgüter in Länder auftauchen und auch eingesetzt werden, die sie eigentlich nicht besitzen dürfen.

Aus einer Studie des WifOR Instituts aus dem Jahre 2015 geht hervor, dass im Zeitraum von 2010 bis 2014 ca. 135.000 Menschen in der deutschen Sicherheits- und Verteidigungsindustrie (SVI) gearbeitet haben (BDCV 2015). Dem Dokument kann man ebenfalls entnehmen, dass ca. 90 % der SVI Firmen Forschung betreiben und jeder achte Arbeitnehmer im Bereich Forschung und Entwicklung beschäftigt ist. Die Zahlen zeigen, dass dieser Sektor einen wichtigen Beitrag zur deutschen Wirtschaft leistet, zumal jeder Arbeitsplatz in der SVI, in Deutschland zwei weitere Beschäftigungsverhältnisse in anderen Sektoren generiert. Im Gegensatz zu den Geschäftskonzepten der meisten anderen Industriezweige, ist es ein wichtiges Ziel der SVI, Waffentechnologien zu entwickeln, mit denen auch Leben ausgelöscht werden kann. Zwar werden diese in Deutschland zur Sicherung des Landes und als Abschreckung eingesetzt, aber weltweit werden durch Mitwirkung der deutschen Rüstungsindustrie Menschen verletzt, verstümmelt und getötet. Wegen des großen technologischen Aufwands sind an der Entwicklung von Kriegswaffen sehr hochqualifizierte Wissenschaftler beteiligt, die sich über die Konsequenzen ihrer Arbeit bewusst sein müssen. Wie auch in anderen Bereichen übernimmt auch hier die Paradigmenbrille eine wichtige Funktion, mit der diese Arbeit moralisch gerechtfertigt werden kann. Dabei bleibt es jedem Arbeitnehmer selbst überlassen, ob es sich beispielsweise um politische oder finanzielle Gründe handelt, man aus technischer Neugier dieser Arbeit nachgeht oder aus anderen Gründen motiviert ist, an der Entwicklung von Waffensystemen mitzuwirken.

Wie bereits erwähnt wurden viele Kriege aufgrund von waffentechnologischen Vorteilen gewonnen, wie z. B. bei den Abwürfen von Atombomben über Hiroshima und Nagasaki, die Japan zur Kapitulation gezwungen haben. Es gibt jedoch auch Beispiele, in denen es einem militärisch übermächtigen Staat nicht gelungen ist, einen Krieg zu gewinnen. So haben der von den USA geführte Vietnamkrieg, der Kampf gegen die Taliban oder den sogenannten islamischen Staat die gegnerischen Parteien nicht zur Kapitulation gezwungen. Heute werden diese Kriege mit Hilfe modernsten Technologien geführt, wie beispielsweise unter Verwendung von satellitengesteuerten Militärdrohnen, die mit Raketen bestückt sind. Dass bei diesen Einsätzen auch unschuldige Menschen getötet werden, die zum Spielball rivalisierender politischer Lager geworden sind, wird ohne zu zögern in Kauf genommen. Unter den zivilen Opfern befinden sich meist die am wenigsten begüterten Menschen, deren miserable Lage sich aufgrund des Krieges stetig weiter verschlimmert. Um diese Missstände zu beseitigen, bedarf es bahnbrechender Paradigmenwechsel sowohl bei Politikern als auch den forschenden Wissenschaftlern. Für die letztere Gruppe kann Linus Carl Pauling als Vorbild dienen, weil er neben dem Nobelpreis für Chemie acht Jahre später (1962) mit dem Friedensnobelpreis geehrt wurde, den er für seine Kampagne gegen Atomwaffentests erhalten hat.

# Die Bedeutung der Wissenschaft für den Fortschritt unserer Gesellschaft

**4**

## 4.1 Leitfiguren in Religion, Politik und Wissenschaft

Leitfiguren und Vorbilder haben häufig in der Geschichte der Menschheit zu bedeutsamen Paradigmenwechseln beigetragen. Beispiele aus der Religion sind Jesus Christus, der Prophet Mohammed und Martin Luther. Politische Leitfiguren sind Karl Marx, Nelson Mandela und Michail Gorbatschow und aus der Wissenschaft müssen Charles Darwin, Marie Skłodowska Curie und Albert Einstein genannt werden. Diese Liste kann mit einer großen Anzahl anderen Namen erweitert werden. Viele dieser Menschen umgibt eine altruistische Aura. Aufgrund ihrer besonderen Persönlichkeit gelang es ihnen zudem, Menschen in ihren Bann zu ziehen und sie von ihren Ideen zu überzeugen. Dabei spielen Visionen eine große Rolle, wie es insbesondere bei Martin Luther Kings Ausspruch *„I have a dream"* (ich habe einen Traum) deutlich wird. Dieser Satz war für viele Menschen der Beginn einer neuen Ära und die Entstehung eines noch nie dagewesenen Selbstbewusstseins. Auch heute noch hat er nichts an Bedeutung verloren und so wird er auch weiterhin viel zitiert. Interessant dabei ist, dass viele Menschen den danach folgenden genauen Wortlaut in Martin Luther Kings Rede nicht kennen. Dennoch ist es allgemein bekannt, dass es sich in der Rede um die Gleichberechtigung der afroamerikanischen Bevölkerung in den USA handelt. Die Genialität dieses Zitats liegt darin begründet, dass ein Traum eigentlich einen alltäglichen und sogar oft unbedeutenden Vorgang beschreibt. Dennoch hat er sich in das Gedächtnis der Menschen eingeschlichen und wird daher auch weiterhin immer mit Martin Luther Kings Kampf gegen die Unterdrückung in Erinnerung bleiben. Es gibt aber auch viele andere Aussprüche, die Assoziationen hervorrufen, wenn auch ganz anders geartet, wie z. B. Julius Cäsars Zitat *„ich kam, sah und siegte"*, Galileo Galileis angebliche

© Springer Fachmedien Wiesbaden GmbH, ein Teil von Springer Nature 2020
H. Herwald, *Wie Wissenschaft Länder, Gesellschaften, Religionen vereint,*
essentials, https://doi.org/10.1007/978-3-658-28840-2_4

Äußerung *„und sie dreht sich doch"*, John F. Kennedys Bekundung *„ich bin ein Berliner"*, Barak Obamas Statement *„yes we can"* sowie Angela Merkels Versprechen *„wir schaffen das"*. Allen ist gemeinsam, dass sie drei Dinge miteinander in Verbindung bringen, nämlich eine Person, einen Sachverhalt und einen Zeitrahmen. So verwendete John F. Kennedy im Juni 1963 das weltbekannte Zitat, als er vor dem Rathaus Schöneberg in West-Berlin eine Rede hielt. Mit ihr wollte John F. Kennedy nicht nur in den Zeiten des kalten Krieges seine Solidarität zu West-Berlin zeigen, sondern auch die Bevölkerung vor einer totalen Abriegelung schützen. Diese vier Wörter *(ich bin ein Berliner)*, wie auch die anderen genannten Zitate, beschreiben jeweils einen langen und oftmals komplizierten Sachverhalt, der nur in einem historischen Kontext verstanden werden kann. Ähnliches gilt auch für die erwähnten Personen aus der Religion, Politik und der Wissenschaft. So verbinden viele Menschen mit dem Namen Jesus Christus die Nächstenliebe, mit dem Propheten Mohammed den Koran und mit Martin Luther die Reformation. Mit Karl Marx assoziiert man häufig den Kapitalismus, mit Nelson Mandela den Kampf gegen die Apartheit und mit Michail Gorbatschow Glasnost. Auch im letzten Beispiel, nämlich der Wissenschaft, kann jedem der drei genannten Forschern ein passender Begriff zugeordnet werden: bei Charles Darwin ist es die Evolution, bei Marie Skłodowska Curie die Radiochemie und bei Albert Einstein die Relativitätstheorie. Wie aber konnten diese Personen eine solche enorme und wichtige Idolfunktion einnehmen, die zu derartigen religiösen, politischen und wissenschaftlichen Paradigmenwechsel führen konnten? Diese Frage lässt sich auf der Grundlage von Platons Ideenlehre beantworten. Denn jeder Begriff, der mit einer der genannten Personen assoziiert wird, ist so abstrakt, dass er aus der Ideenwelt stammen kann, er also nicht der Sinneswelt zuzuordnen ist. Den genannten Personen ist es somit gelungen, sich in ihrer ganz speziellen Art der Ideenwelt einen Schritt zu nähern, indem sie auf eine weitere Stufe einer Sinnesebene gestiegen sind. Damit haben sie es, im Sinne des Höhlengleichnisses geschafft, sich aus der Schattenwelt zu befreien und konnten der Sonne, also der Erkenntnis, ein Stück näherkommen. Wieder zu den Gefangenen zurückgekehrt, ist es ihnen gelungen, einen Teil der Gefesselten von ihren Ideen, Vorstellungen oder Wissen zu überzeugen. Dies kann nicht für alle Gefangenen gelten, weil es immer Skeptiker gibt und so hat jede der genannten Personen auch polarisiert. Trotzdem ist es ihnen geglückt, Anhängerschaften zu rekrutieren und einen Paradigmenwechsel herbeizuführen.

Auch in der Zukunft wird es zu weiteren Paradigmenwechseln kommen. Einer der wichtigsten wird unsere Umwelt betreffen, die augenblicklich so gewaltigen Veränderungen ausgesetzt ist, dass das Überleben der Menschheit auf dem Spiel steht. Dabei sprechen die Fakten eine deutliche Sprache. Denn sowohl die

Erderwärmung, das Artensterben, die Umweltverschmutzung und der Raubbau an der Natur hinterlassen irreparable Schäden. Zwar vermehren sich die mahnenden Stimmen, dass dringendst weitreichende Maßnahmen vorgenommen werden müssen, um eine weitere Zerstörung der Natur zu vermeiden, aber leider haben diese bislang noch keine zählbaren Erfolge erzielt. Wie beschrieben kann im Sinne Kuhns das vermehrte Auftreten von Anomalien eine Krise auslösen. Wenn man eine Naturkatastrophe als Anomalie bezeichnet und man davon ausgeht, dass sich ihre Anzahl stetig erhöhen wird, ist es nur eine Zeitfrage, wann dies zu einer so gewaltigen Krise führt, dass, gemäß Kuhn, uns eine Revolution bevorsteht. Wie diese aussehen kann, ist nicht prognostizierbar, aber es ist nicht auszuschließen, dass es unter extremen Bedingungen auch zu kriegerischen Auseinandersetzungen kommen kann. Auch mit der Digitalisierung, maschinellem Lernen *(machine learning)* und der Entwicklung der künstlichen Intelligenz kommen sehr große Herausforderungen auf uns zu, bei denen das Ausmaß der Risiken nur zu erahnen ist. Obwohl immer mehr auf diese Gefahren hingewiesen wird, findet zurzeit noch kein Umdenken statt und so ist es offensichtlich, dass die Politik der Globalisierung und des Neoliberalismus an ihre Grenzen gekommen ist. Es ist deshalb nicht abzusehen, dass in der augenblicklichen Situation, die nötigen politischen Entscheidungen getroffen oder Maßnahmen eingeleitet werden, die der totalen Zerstörung unseres Lebensraums entgegenwirken können. Je länger gewartet wird, desto unwahrscheinlicher erscheint es, dass rechtzeitig die richtigen Entscheidungen getroffen werden.

## 4.2  Kosmopolitischer Humanismus und die Wissenschaft

Wie bereits beschrieben, ist es u. a. Aufgabe von Religionen Antworten auf essentielle Fragen bzgl. des Sinn des Lebens zu geben. Dabei unterliegen sie auch einem Wandel. So wurden zu Beginn der Geschichte der Menschheit viele unerklärliche Dinge, wie beispielsweise Naturkatastrophen, mit dem Zorn der Götter erklärt. Mit der Zunahme wissenschaftlicher Untersuchungen und Erkenntnisse spielen diese Fragen in der Religion heute daher nur noch eine untergeordnete Rolle. Wenn es sich jedoch um Angelegenheiten handelt, auf die die Wissenschaft keine Antworten hat, besitzt die Religion weiterhin eine wichtige Funktion und kann Menschen Orientierungshilfen geben. Da sich Religionen regional und sich somit teilweise unabhängig voneinander entwickelt haben, können sich ihre Erklärungen für das Unerklärliche deutlich voneinander unterscheiden. Dies hat zur Folge, dass religiöse Regeln, angefangen vom täglichen Zusammenleben bis zu politischen Strukturen, je nach ihrer Herkunft sehr verschieden sind und so dadurch Konflikte ausgelöst werden können. Globalisierungsmaßnahmen erschweren zudem die Situation, weil sich Vertreter von religiösen Gemeinschaften in ihrer Existenz bedroht fühlen können. Ähnliches gilt auch für die Politik. Auch hier führen unterschiedliche Richtungs- und Machtkämpfe zu Konflikten. Dabei werden nationalen Interessen immer noch höhere Prioritäten eingeräumt als der Lösung von globalen Problemen. Die fehlende Identifikationsbereitschaft bzgl. eines gemeinsamen europäischen Staates, die besonders deutlich in der Flüchtlingsfrage, bei notwendigen Umweltmaßnahmen und letztlich auch in der schier endlosen Brexitdiskussion zum Ausdruck kommt, ist nur ein Beispiel von vielen. Politische Zielvorgaben, die sich beispielsweise in Zitaten wie *„America first"* oder der *„chinesische Traum"* widerspiegeln, helfen dabei auch nicht die globalen Probleme gemeinschaftlich zu lösen, die der Menschheit bevorstehen. Es ist daher höchste Zeit, dass sich sowohl Religion als auch Politik von ihren Paradigmenbrillen befreien, um sich mit einem ungetrübten Blick ihrer Verantwortung zu stellen. Denn nur so kann garantiert werden, dass mit friedlichen Mitteln an einer globalen Lösung gearbeitet wird. Der Wunsch nach einer vereinten Welt mit gemeinsamen Zielen ist nicht neu und neben vielen Verfechtern dieser Anschauung muss der polnische Augenarzt Ludwik Lejzer Zamenhof (1859–1917) genannt werden, der sehr wahrscheinlich seiner Zeit voraus war. So erschuf Ludwik Zamenhof nicht nur die internationale Plansprache Esperanto, sondern war auch der wenig beachtete Begründer der Idee des kosmopolitischen Humanismus. Letztere ist eine Bekundung zu einer Welt, in der es keine sprachlichen, kulturellen oder religiösen Barrieren geben soll. Dazu formulierte erfolgende vier Thesen:

1. Ich bin ein Mensch und für mich existieren nur rein menschliche Ideale. Ethnische oder nationale Vorbilder sind für mich ein Zeichen von Gruppenegoismus und Feindseligkeit gegenüber anderen. Diese ethnischen und nationalen Vorbilder müssen früher oder später verschwinden, und ich muss dazu beitragen, dass dies möglichst schnell geschieht.

2. Ich glaube, dass alle Völker gleich sind und ich beurteile jeden Einzelnen nach seinem persönlichen Werten und Handeln, aber nicht nach seiner Herkunft. Jede feindselige Handlung oder Verfolgung, die sich gegen einen Menschen richtet, nur weil er eine andere ethnische Zugehörigkeit hat, mit einer anderen Sprache spricht oder er einen anderen Glauben hat, betrachte ich als Akt der Barbarei.

3. Ich glaube, dass die Interessen eines Landes nicht von einer bestimmten Volksgruppe gelenkt werden dürfen, sondern von allen Einwohnern, die alle die gleichen Rechte besitzen, unabhängig von ihrer Sprache oder Religion. Die Durchsetzung

nationaler Interessen von unterschiedlichen Volksgruppen aufgrund ihrer Sprache oder Religion empfinde ich als ein Überbleibsel barbarischer Zeiten, in denen das Recht des Stärkeren galt.

4. Ich glaube, dass alle Menschen von Geburt an das uneingeschränkte und unbestrittene Recht haben sollten, in ihren Familien jede beliebige Sprache oder jeden beliebigen Dialekt zu benutzen und ohne Einschränkungen ihre Religion frei ausüben zu dürfen. Wenn sie aber auf Menschen unterschiedlicher Herkunft treffen, sollten sie, soweit es möglich ist, eine neutrale Sprache verwenden und nach den Prinzipien einer toleranten und menschenfreundlichen Religion zusammenleben. Ich betrachte jeden Versuch einer Person seine Sprache oder Religion einer anderen Person aufzuzwingen als Akt der Barbarei. (Korženkov 2009)

Aus heutiger Sicht sind Zamenhofs Thesen jedoch unvollständig, da neben sprachlicher, kultureller oder religiöser Barrieren auch unterschiedliche politische Ideologien oft ein großes unüberwindbares Problem darstellen. Nur wenn es der Menschheit gelingen wird, diese Hürden zu überwinden, können die längst anstehenden Paradigmenwechsel eingeleitet werden. In Anbetracht der augenblicklichen Situation scheint dies jedoch noch in weiter Ferne zu liegen, zumal es vermehrt Anzeichen gibt, die eher auf eine Rückkehr zu nationalen Interessen und verminderter Toleranz deuten. Die Frage ist daher, wie viele weitere Anomalien in Bezug auf Klimawandel, Digitalisierung und Verteilung von Ressourcen und Lebensraum notwendig sind, um eine hoffentlich friedliche und wohlbedachte Revolution im Sinne Kuhns herbeizuführen. Außer Frage steht jedoch, dass zur Lösung der Probleme die Wissenschaft eine entscheidende Rolle spielen muss. Denn die Naturgesetze sind überregional, sie sind weder religiös, politisch noch ideologisch behaftet und sind im vier-dimensionalen Raum, also auch auf der Erde, allgemeingültig.

## 4.3  Kann die Wissenschaft religiöse und politische Barrieren überwinden?

Die Zeit des Nationalsozialismus zählt zu einem der dunkelsten Kapitel in der deutschen Geschichte. Die Kriegsverbrechen und der Tod von vielen Millionen unschuldiger Menschen, die u. a. aufgrund ihrer religiösen und politischen Herkunft oder Einstellung in Konzentrationslager deportiert wurden, lässt sich an Grausamkeit kaum überbieten. So führten Antisemitismus und der Hass auf alles Andersartige zur Tötung von mehr als 6 Mio. KZ Gefangener jüdischer Herkunft. Daher war es nicht zu verdenken, dass nach der Gründung des Staates Israel im Jahre 1948 das Land weder politische noch Kontakte anderer Art zu Deutschland aufbauen wollte. Israelischen Mitbürgern war es beispielsweise in der Nachkriegszeit nur mit einer Sondererlaubnis gestattet, nach Deutschland einzureisen und es sollte bis 1965 dauern, bis der Staat Israel und die damalige Bundesrepublik Deutschland offiziell diplomatische Beziehungen aufnahmen.

Wissenschaftliche Kontakte fanden jedoch bereits schon früher statt und trugen letztendlich auch erheblich dazu bei, dass sich die beiden Länder politisch annäherten (Hoffmann 2015). Eine wichtige Bedeutung hatten dabei der israelische Chemiker Gerhard Schmidt, Professor am Weizmann-Institut, und der deutsche Physiker Wolfgang Gentner, der von 1954 bis 1959 als erster Forschungsdirektor das CERN-Institut in der Schweiz leitete. Das neugegründete Institut war damals schon ein internationaler Treffpunkt, der nicht nur israelischen Gastwissenschaftlern, sondern auch Forschern aus vielen anderen Ländern die Gelegenheit gab, internationale Kontakte zu knüpfen. Wolfgang Gentner war zudem ein idealer Ansprechpartner, da er sich schon zu Kriegszeiten vom NS-Regime distanziert hatte. Über Gerhard Schmidt lernte Wolfgang Gentner weitere israelische Forscher kennen und es begannen Diskussionen über die wissenschaftliche Zusammenarbeit, die 1959 zu ersten Erfolgen führten, als eine Delegation des Max-Planck-Instituts für Zellchemie u. a. das Weizmann-Institut in Rehovot und die Hebrew Universität in Jerusalem besuchte. Unter Mitwirkung des damaligen Bundeskanzlers Konrad Adenauer kam es später sogar zu einer offiziellen Zusammenarbeit des Weizmann Instituts und der Max-Planck-Gesellschaft. Diese führte 1964, also ein Jahr bevor offizielle diplomatische Beziehungen aufgenommen wurden, zur Gründung der Minerva Stiftung, die bis heute vor allem jüngere israelische und deutsche Wissenschaftler fördert.

## 4.4  Die Agenda 2030

Dies ist nur eines von wenigen Beispiele, die zeigen, dass Länder wissenschaftlich zusammenarbeiten können, obwohl ihre politischen Beziehungen erheblich belastet sind. Aber es gibt Anlass zur Hoffnung. So haben sich insbesondere in der Raumfahrt internationale Zusammenarbeiten bewährt. Vorzeigebeispiel hier ist die internationale Raumstation ISS, die 2018 ihr 20-jähriges Jubiläum feierte. Neben Russland und den USA haben sich 14 weitere Staaten zu einem Konsortium zusammengeschlossen, um die Raumstation zu betreiben. Daneben gibt es eine Reihe von internationalen Organisationen, wie das Büro der Vereinten Nationen für die Verringerung des Katastrophenrisikos (UNDRR: www.unisdr.org) und die Klimarisiko- und Frühwarnsystem Initiative (Climate Risk and Early Warning Systems oder CREWS: www.crews-initiative.org), die aber mehr politisch als wissenschaftlich arbeiten. Eines wohl der wichtigsten und ambitioniertesten Projekte ist die von den Vereinten Nationen in 2015 verabschiedete Agenda 2030. Aufgabe der Agenda ist es, Lösungsmöglichkeiten für drängende globale Probleme zu schaffen. Dazu wurde eine Liste mit 17 nachhaltigen Entwicklungszielen erstellt:

- Armut in jeder Form und überall beenden
- Den Hunger beenden, Ernährungssicherheit und eine bessere Ernährung erreichen und eine nachhaltige Landwirtschaft fördern
- Ein gesundes Leben für alle Menschen jeden Alters gewährleisten und ihr Wohlergehen fördern
- Gerechte und hochwertige Bildung gewährleisten und Möglichkeiten des lebenslangen Lernens für alle fördern
- Geschlechtergerechtigkeit und Selbstbestimmung für alle Frauen und Mädchen erreichen
- Verfügbarkeit und nachhaltige Bewirtschaftung von Wasser und Sanitärversorgung für alle gewährleisten
- Zugang zu bezahlbarer, verlässlicher, nachhaltiger und zeitgemäßer Energie für alle sichern
- Dauerhaftes, inklusives und nachhaltiges Wirtschaftswachstum, produktive Vollbeschäftigung und menschenwürdige Arbeit für alle fördern
- Eine belastbare Infrastruktur aufbauen, inklusive und nachhaltige Industrialisierung fördern und Innovationen unterstützen
- Ungleichheit innerhalb von und zwischen Staaten verringern
- Städte und Siedlungen inklusiv, sicher, widerstandsfähig und nachhaltig machen
- Für nachhaltige Konsum- und Produktionsmuster sorgen
- Umgehend Maßnahmen zur Bekämpfung des Klimawandels und seiner Auswirkungen ergreifen
- Ozeane, Meere und Meeresressourcen im Sinne einer nachhaltigen Entwicklung erhalten und nachhaltig nutzen
- Landökosysteme schützen, wiederherstellen und ihre nachhaltige Nutzung fördern, Wälder nachhaltig bewirtschaften, Wüstenbildung bekämpfen, Bodenverschlechterung stoppen und umkehren und den Biodiversitätsverlust stoppen
- Friedliche und inklusive Gesellschaften im Sinne einer nachhaltigen Entwicklung fördern, allen Menschen Zugang zur Justiz ermöglichen und effektive, rechenschaftspflichtige und inklusive Institutionen auf allen Ebenen aufbauen
- Umsetzungsmittel stärken und die globale Partnerschaft für nachhaltige Entwicklung wiederbeleben (BMZ 2015)

Inzwischen sind die Nachhaltigkeitsziele der Agenda 2030 in einigen Programmen von europäischen Universitäten zu finden. Insbesondere die skandinavischen Universitäten nehmen hier eine Vorreiterrolle ein und es wäre wünschenswert, wenn auch Universitäten anderer Länder der Agenda 2030 mehr Aufmerksamkeit zukommen lassen würden. Aufgrund verbesserter Mobilitäts- und Forschungsprogramme sind Universitäten heute ein internationaler Treffpunkt für Studenten und Wissenschaftler aus aller Welt, die gemeinsam an wissenschaftlichen Problemen forschen. Somit fördern Universitäten auch einen toleranten Umgang miteinander und helfen kulturelle, religiöse und politische Hürden zu überwinden. In Bezug auf die Agenda 2030 ist dies von besonderer Bedeutung, da ihre Ziele mit längst notwendigen Paradigmenwechseln verbunden sind. Nur wenn es gelingt, Forscher aller Nationalitäten von der Bedeutung der Nachhaltigkeit dieser Ziele zu überzeugen, besteht eine Chance, neue Konzepte zu entwickeln, die gemeinsam zu Wohle der gesamten Menschheit umgesetzt werden können.

## 4.5    Wissenschaftliche Experten als politische Entscheidungsträger

Um die Ideen der Agenda 2030 der Bevölkerung zugänglich zu machen, bedarf es zudem außergewöhnlicher Wissenschaftler, denen es gelungen ist, aufgrund ihres Wissens, ihrer Persönlichkeit und Vorbildfunktion die Anerkennung einer breiten Bevölkerungsschicht zu gewinnen. Ein Problem der heutigen Politik ist, dass die Parteien um die Gunst der Wähler buhlen und dafür bereit sind, ihre politischen Ideale aufzugeben. So werden Marktanalysen durchgeführt, um potenzielle Wählergruppen zu identifizieren, deren Bedürfnisse und Ängste zu verstehen und mit diesen Informationen Wahlkampfkampanien zu führen. Ändert sich das Profil einer Wählergruppe, werden die politischen Ziele umgehend durch neue ersetzt, um die Wählerschaft nicht zu verlieren. Teilweise werden dabei überhastete Entscheidungen getroffen, wie nach dem 11. März 2011 als ein Tsunami einen Supergau im japanischen Atomkraftwerk Fukushima 1 verursachte. Bereits einen Tag später schrieb der Spiegel *„Das Desaster im japanischen Kraftwerk Fukushima 1 setzt Kanzlerin Merkel massiv unter Druck – und gibt AKW-Kritikern Aufschwung. Die Union fürchtet um ihr Abschneiden bei den anstehenden Landtagswahlen"* (Fischer 2011). Diese Schlussfolgerung war nicht unberechtigt, denn bei den folgenden Wahlen in Baden-Württemberg und Rheinland-Pfalz, die zwei Wochen später stattfanden, konnten sich die Grünen jeweils mit über 10 Prozentpunkten verbessern. Es war daher nicht verwunderlich, dass die damalige schwarz-gelbe Koalition bereits im Juni 2011 den Ausstieg aus der Atomenergie beschloss, um so verlorene Wähler wieder zurückzugewinnen. Auch in der Flüchtlingsfrage und vielen anderen Themen kommt es häufig zu politischen Zickzackkursen, wenn sich die Meinung der Bevölkerung kurzzeitig ändert. Dies ist jedoch ein falscher Ansatz, da er nicht zu einer nachhaltigen Politik führen kann. Die Politik muss Ziele vorgeben und die Bevölkerung von ihrer Richtigkeit überzeugen und nicht umgekehrt, so wie es in der heutigen Zeit praktiziert wird. Es ist daher sinnvoller, langfristige Konzepte zu erstellen und diese auch umzusetzen, denn nur so kann das Vertrauen in die Politik zurückgewonnen werden. Die Strategien müssen von kompetenten  Wissenschaftlern ausgearbeitet werden und im Sinne der Agenda 2030 sein. Da dies ein sehr schweres Unterfangen ist, müssen hierzu die besten Forscher und ihre Teams mit einbezogen werden. Zudem ist es wichtig, dass es sich bei den ausgewählten Wissenschaftlern um Persönlichkeiten handelt, die aufgrund ihrer Integrität eine hohe Anerkennung in der Bevölkerung haben. Es dürfen keine Interessenkonflikte vorliegen und die Wissenschaftler müssen den Versuchungen des Lobbyismus widerstehen können. Nur wenn diese Voraussetzungen erfüllt sind, kann es gelingen, dass sich bei der Bevölkerung Verständnis und Akzeptanz für eine nachhaltige Politik entwickeln kann. Bei der Überprüfung der Integrität der ausgewählten Wissenschaftler müssen außerdem ethische Prinzipien zugrunde gelegt werden. Daher ist es nicht nur wichtig, dass Wissenschaftler die Ministerposten für beispielsweise Umweltschutz, Gesundheit, Forschung, Wirtschaft und Energie besetzen, sondern es muss auch ein Ministerium für Ethik geschaffen werden. Letzteres muss als Kontrollorgan fungieren und ein Mitspracherecht bei moralisch strittigen Beschlüssen und Entscheidungen haben. Auch wenn die genannten Ministerposten von parteilosen, wissenschaftlich respektierten und national anerkannten Persönlichkeiten bekleidet werden sollen, ist es wichtig, dass die Prinzipien der Demokratie nicht verletzt werden. So revolutionär sich, im Sinne Kuhns, dieses Konzept anhört, sollte man sich vor Augen halten, dass bereits Platon vor mehr als 2400 Jahren in der *Politeia* forderte, dass der Staat von integren Experten regiert werden soll, die Entscheidungen aus Vernunft treffen und die zum Wohle des Volkes dienen. Daher ist seine Vision in Teilen immer noch aktuell. Es bleibt nur zu hoffen, dass keine weiteren 2400 Jahre verstreichen müssen, bis sich diese Erkenntnis auch in die politische Praxis umsetzt. Denn viel Zeit bleibt uns nicht mehr.

# Epilog 5

Die Antwort auf die Anfangsfrage ist positiv. Ja, große Ereignisse werfen ihre Schatten voraus, aber sie hinterlassen auch welche. Im Sinne des Höhlengleichnisses ist beides von großer Bedeutung. Denn die Gefangenen sind in der Höhle bei ihren Erklärungsversuchen von Ursache und Wirkung ausschließlich auf Schatten angewiesen. Da sie deren Auslöser jedoch nicht ausmachen können, wird das eigentliche Problem oft nicht wahrgenommen und Lösungsversuche sind zum Scheitern verurteilt. Aufgabe der Wissenschaft muss es deshalb sein, die Gefangenen aus ihrer Situation zu befreien, sodass sie nicht nur das primäre Ziel vor Augen haben, sondern es im globalen Kontext sehen können. Hierzu sind Paradigmenwechsel notwendig. Nur so können die zukünftigen Probleme, die aufgrund von Klimawandel, Digitalisierung und Armut auf uns zukommen, gelöst werden. Religion und Politik sind dabei an ihre Grenzen gekommen, da sie keine allumfassenden Lösungen bieten können. Die Gesetze der Wissenschaft gelten jedoch überall auf der Erde und können daher religiöse, ideologische und politische Hürden überspringen.

© Springer Fachmedien Wiesbaden GmbH, ein Teil von Springer Nature 2020    41
H. Herwald, *Wie Wissenschaft Länder, Gesellschaften, Religionen vereint,*
essentials, https://doi.org/10.1007/978-3-658-28840-2_5

# Was Sie aus diesem *essential* mitnehmen können

- Paradigmenwechsel sind wichtig, um die zukünftigen Probleme zu lösen
- Ein globales Umdenken unter Einbeziehung von wissenschaftlichen Fakten ist nötigt
- Politik benötigt Wissenschaftler, die als Vorbilder und Leitfiguren dienen können

© Springer Fachmedien Wiesbaden GmbH, ein Teil von Springer Nature 2020  43
H. Herwald, *Wie Wissenschaft Länder, Gesellschaften, Religionen vereint,*
essentials, https://doi.org/10.1007/978-3-658-28840-2

# Literatur

BDSV: Der Ökonomische Fußabdruck der deutschen Sicherheits- und Verteidigungs-industrie (SVI) Projekt im Auftrag des Bundesverbands der Deutschen Sicherheits- und Verteidigungsindustrie (BDSV) (2015)

Bundesministerium für wirtschaftliche Zusammenarbeit und Entwicklung (BMZ), Die Agenda 2030 für nachhaltige Entwicklung: www.bmz.de/de/themen/2030_agenda/index.html. Zugegriffen: 13. Nov. 2019

Bultmann, R.: Neues Testament und Mythologie. In: Bartsch, H.W. (Hrsg.) Kerygma und Mythos. Ein theologisches Gespräch, S. 15–48. Reich & Heidrich, Hamburg (1951)

Bundesregierung: Bundeshaushalt 2020 beschlossen. Auch künftig ohne neue Schulden. www.bundesregierung.de/breg-de/aktuelles/bundeshaushalt-2020-beschlossen-1640494 (2019). Zugegriffen: 13. Nov. 2019

Darwin, C.: On the Origin of Species by Means of Natural Selection. Murray, London (1859)

Fischer, S.: Debatte über deutsche AKW: SPD und Grüne stellen Merkel die Atomfalle: www.spiegel.de/politik/deutschland/debatte-ueber-deutsche-akw-spd-und-gruene-stellen-merkel-die-atomfalle-a-750537.html (2011). Zugegriffen: 13. Nov. 2019

Froes, N.: Platon: Mathematik, Ideenlehre und totalitäre Staatsutopien. Eine kritische Einführung in Platons Werk. Mentis, Paderborn (2018)

Hawking, S.W., Hertog, T.: A smooth exit from eternal inflation? J. High Energy Phys. (2018). https://doi.org/10.1007/JHEP04(2018)147

Hoffmann, D.: 50 Jahre deutsch-israelische Beziehungen: Versöhnende Wissenschaft. Spektr. der Wiss. **4**, 56–65 (2015)

Horn, C.: Remythisierung und Entmythisierung: Deutschsprachige Antikendramen der klassischen Moderne. Universitätsverlag Karlsruhe, Karlsruhe (2008)

Kuhn, T.S.: Die Struktur wissenschaftlicher Revolutionen. Suhrkamp, Frankfurt a. M. (1976)

Kuhn, T.S.: Die Struktur wissenschaftlicher Revolutionen, 2. Aufl. Suhrkamp, Frankfurt a. M. (1979)

Lahr, M., et al.: Inter-group violence among early Holocene hunter-gatherers of West Turkana, Kenya. Nature **529**, 394–398 (2016)



© Springer Fachmedien Wiesbaden GmbH, ein Teil von Springer Nature 2020

H. Herwald, *Wie Wissenschaft Länder, Gesellschaften, Religionen vereint,*
essentials, https://doi.org/10.1007/978-3-658-28840-2

Malitz, J.: Sokrates im Athen der Nachkriegszeit (404–399 v. Chr.). In: Kessler, H. (Hrsg.) Sokrates. Geschichte, Legende, Spiegelungen. Sokrates-Studien II, S. 11–38. Die Graue Edition, Kusterdingen (1995)

Osenberg, H.D.: Der Dortmunder Aufstand: Vor 50 Jahren formierte sich der pietistische Widerstand gegen eine „moderne" Theologie. www.evangelische-aspekte.de/der-dortmunder-aufstand/ (2016). Zugegriffen: 13. Nov. 2019

Planck, M.: Wissenschaftliche Selbstbiographie. Johann Ambrosius Barth, Leipzig (1948)

Platon: *Der Staat* (*Politeia*) übersetzt von F. Schleiermacher (Akademie Verlag Berlin) 1985 [Neuausgabe der zweiten verbesserten Auflage (Berlin 1817–26) bzw. der ersten Auflage des dritten Theils (Berlin 1828)]

Ries, W.: Die Philosophie der Antike. Wissenschaftliche Buchgesellschaft, Darmstadt (2005)

Sartre, J.: Zitiert nach: Walter Biemel: Jean-Paul Sartre mit Selbstzeugnissen und Bilddokumenten (rowohlts monographien 87), Reinbeck bei Hmaburg (1970)

Wolters, G.: Katholische Kirche und Evolutionstheorie: Der Konfliktaspekt. In: Kamp, G., Thiele, F. (Hrsg.) Erkennen und Handeln: Festschrift für Carl Friedrich Gethmann zum 65. Geburtstag, S. 11–38. Fink, Paderborn (2009)

Zamenhof, L.L., Korženkov, A.: Zamenhof – The Life, Works, and Ideas of the Author of Esperanto. Esperantic Studies Foundation, New York (2009)